绳结饰物150款

日本宝库社　编著

梦工房　译

河南科学技术出版社

·郑州·

目 录

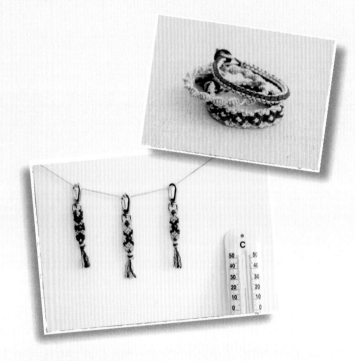

自然风

能充分感受到麻线天然的质地，设计简单
的饰品。
我们挑选了24款百搭、随意、可爱的饰品。

1 小饰物

用扭结和四股辫编成的小饰物。
垂下来的四根穗子摇摇晃晃很漂亮。

设计　童话艺术工作室

制作方法　P109

4

2、3 长项链

包着天然石的项链。
项链部分由扭结和四股辫组成。

设计 tama5

制作方法　　P109

AIGUILLE M■■GLISS

Métal léger. Inaltérable
RIGIDE
Ne salissa■■ ■■ ■a laine

4

5

6

7

8

4~8 手链

这5款手链是用常见的麻质饰品的编结方法，
也很适合男士。

设计 tama5

制作方法 4、7、8...P110 5...P16 6...P18

9

10

9 项链
10 手链

芯绳上穿过木珠做成的平结项链和手链。
作品9使用了两种颜色的木珠。

设计 tama5

制作方法 P111

11 项链
12 脚链

扭结和三股辫做成的项链和环结做成的脚链。
项链在佩戴时可以调节长度。

设计 tama5

制作方法　P112

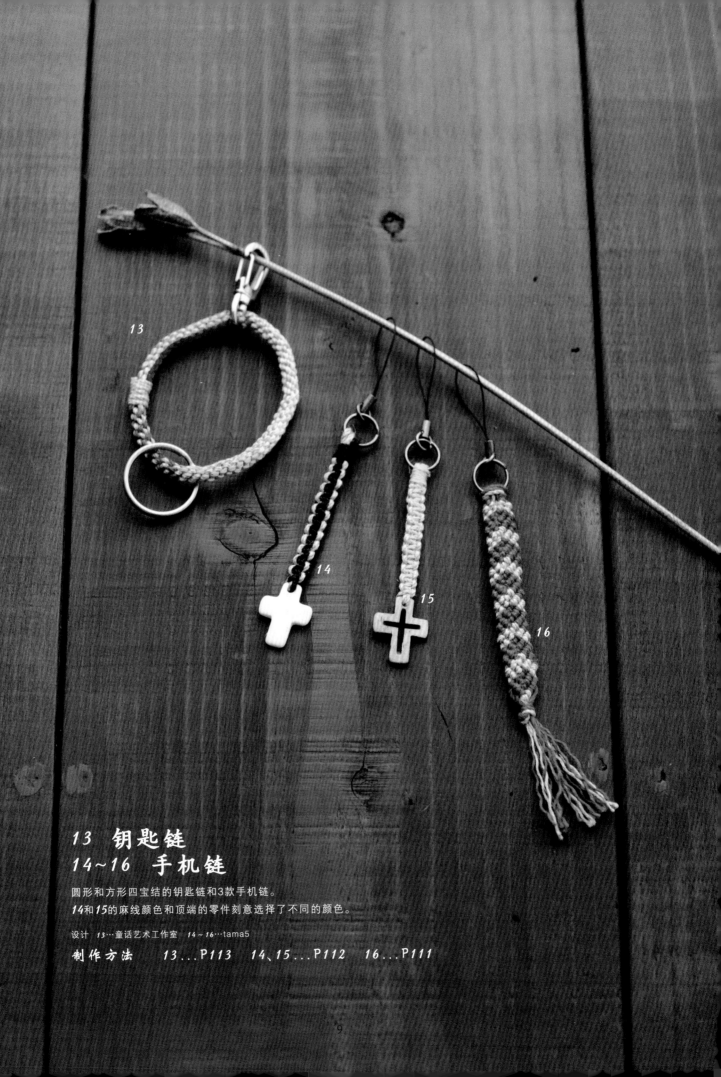

13 钥匙链
14~16 手机链

圆形和方形四宝结的钥匙链和3款手机链。
14和15的麻线颜色和顶端的零件刻意选择了不同的颜色。

设计 13…童话艺术工作室 14~16…tama5
制作方法 **13…P113 14、15…P112 16…P111**

17~19 长挂件

这3件长挂件上的结扣的形状十分可爱。
可以用于挂铭牌或笔，也可以当作数码相机的挂件。

设计 tama5

制作方法 P113

20~23 戒指

用少许材料就可以做成的戒指。
也可以搭配自己喜欢的颜色。

设计 tama5

制作方法
20~22…P115　23…P116

24 脚链

搭配凉鞋或运动鞋都很
适合的脚链。
左、右雀头结和平结的
组合。

设计　童话艺术工作室
制作方法　P113

材料和工具

大麻

大麻是麻类中的一种植物。
即使不使用农药或肥料也能生长的大麻，生命力顽强，是一种保护环境、具有亲和力的天然材料。
用大麻制成的麻线，刚开始用的时候会比较紧，有种硬邦邦的感觉，但是时间长了就会变得柔软。

麻线

本书使用的麻线，有粗、中粗、细三种。
使用优质的原麻材料，没有经过上蜡加工，而经过捻的方法加工而成，更容易系结，
是最适合用来制作饰品的线。颜色也很丰富。

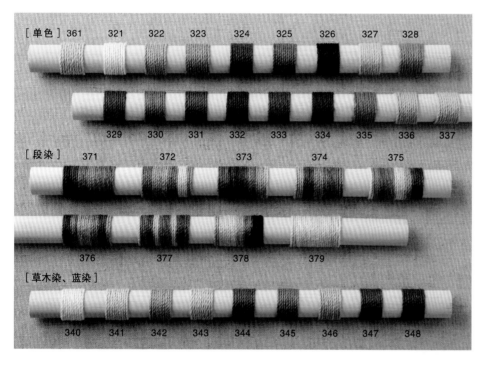

单色：原色（361）、白色（321）、浅褐色（322）、暗黄绿色（323）、深褐色（324）、蓝色（325）、黑色（326）、黄色（327）、橙色（328）、红色（329）、蓝绿色（330）、绿色（331）、紫色（332）、巧克力色（333）、深红色（334）、品红色（335）、浅绿色（336）、浅蓝绿色（337）
段染：玫瑰红段染（371）、民族风段染（372）、深蓝色段染（373）、褐色段染（374）、彩虹色段染（375）、绿色段染（376）、红褐色段染（377）、单色段染（378）、彩色画笔虹段染（379）
草木染色、蓝染：原色（340）、黄芩色（341）、槐树色（342）、茜草色（343）、洋苏木色（344）、艾蒿色（345）、浅蓝色（346）、蓝色（347）、藏蓝色（348）
＊中粗、细款为全色，粗款只有原色（361）一个颜色。

麻线［实物大小］

细（约1.2mm）

中粗（约1.8mm）

粗（约2.0mm）

麻绳

100%麻的绳子。
因为有张力、有分量，所以方便系结，
做手链等的芯绳最合适了。

麻以外的绳子

和麻相配的绳子，组合起来使作品的范围变得更广。

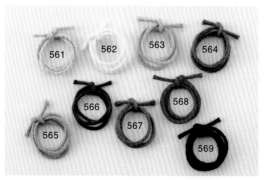

原色（561）、白色（562）、芥末色（563）、橄榄绿色（564）、天蓝色（565）、藏蓝色（566）、薰衣草色（567）、朱红色（568）、黑色（569）

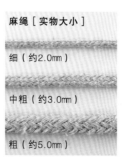

麻绳［实物大小］

细（约2.0mm）

中粗（约3.0mm）

粗（约5.0mm）

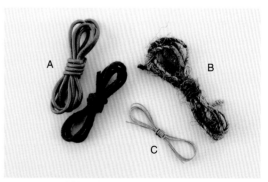

A 皮革绳　用水牛皮革制成的绳子
B 废弃回收丝绸纱线　将制作丝绸制品时裁剪剩下的零布头、线头再次搓捻而成的绳子
C 不锈钢丝　看上去像金属，用于作品的突出点

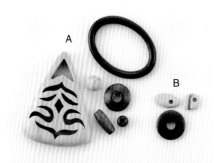

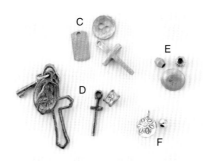

A 木质串珠 上面附有天然纹理的天然木质串珠，有圆形、枣形、碟形等，颜色、形状、大小都很丰富
B 椰子壳串珠 由椰子壳做成的扁平串珠

C 白镴 锡和铅的合金。其特点是表面像熏过一样，质感十足
D 镶金白镴 铜和铅的合金。使用了古代的镀层工艺
E 铜珠 黄铜上镀上仿古风格的金色
F 卡伦银 纯银度为92.5%

G 宝石 天然石。有效利用原石的形状的石块、小石头经过加工做成的圆球等
H 珍珠、贝壳 由天然的淡水珍珠、贝壳制成的配件
I 玻璃材料 直径5~7mm的小串珠和玻璃球形的材料等

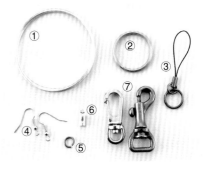

J 角、骨串珠 用动物的犄角和骨头制成的串珠
K 贝壳 在贝壳上打洞，以便绳子可以穿过
L 羽毛 天然的羽毛材料
M 附属材料 铃铛

串珠绳 两根绳子之间用尼龙绳穿上串珠的绳子

其他配件
①弹簧 ②钥匙圈 ③手机挂件 ④金属耳钩 ⑤圆环
⑥螺丝扣 ⑦钥匙环、钥匙扣

工具

为了能够快速地做出漂亮的作品而使用的工具。
虽然没有这些工具也可以做，但是如果有的话做起来更容易、更方便。

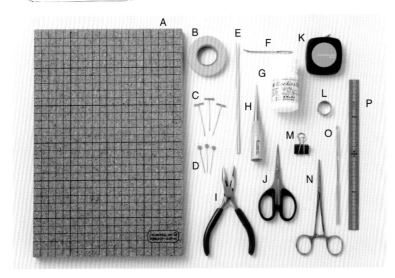

A 软木板 用大头针将麻线固定在其上面进行编织，每隔1cm处均有方格，编卷结时可正确把握角度
B 胶带 用于固定麻线、麻绳、配件等
C 大头针 使用软木板的时候，用于固定麻线、麻绳或配件等
D 珠针/细 同C一样
E 竹签 涂黏合剂的时候使用
F 毛线针 处理麻线或麻绳头时使用
G 胶水 干了之后呈透明状的手工用胶水
H 锥子 打结收紧后拉紧时使用
I 钳子 开闭圆环时使用。如果没有L的圆环专用环（顶针儿），那么需要有两把钳子
J 剪刀 手工用的锋利的比较好
K 卷尺 测量长度或大小
L 圆环专用环（顶针儿） 套在手指上，开闭圆环时来固定
M 夹子 临时暂停绳子时使用
N 医用钳子 用力拽拉麻线、麻绳，可使编织的物品更结实，用在细小的编织中非常方便
O 钩针 用于钩针编织的作品
P 尺子 用于制作过程中测量作品的长度

绳结饰物
制作方法的秘诀

就算没有特别的工具，只要有麻线、麻绳就可以轻松地制作绳结饰物。
在这里，介绍一下初学者也能制作出漂亮作品的一些秘诀。

＊使用大头针的时候，请使用软木板。

开始的方法

这是本书介绍的作品里经常使用的开始编结的方法。

方法 A

把三股辫或四股辫做成环，用平结等固定，开始编结。

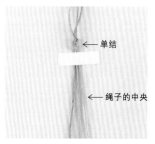

1 把绳子并在一起，在稍靠近中央的地方轻轻地打个单结，用胶带固定。

2 三股辫（→P91）或四股辫（→P91）等按照指定的长度编结。

3 编完后解开单结。绳子的中央就是编结部分的中央。

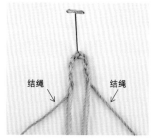

4 中央用大头针或胶带固定，左右的绳子用平结系起来。

5 固定好环。根据作品的不同，也有用平结以外的方式编结，可参照各作品的制作方法。

方法 B

编成雀头结或左、右雀头结，把绳端穿过开始编结的地方做成环。

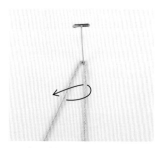

1 把对折的绳子用大头针固定住，用雀头结或左、右雀头结等绳结方法编。

2 图片是编1个左雀头结的样子。

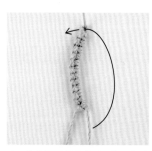

3 编出需要的长度后，把两根的绳端穿过开始编结的地方的环。

4 绳端穿过去的样子。

5 顶部用大头针或胶带固定，继续编结。

方法 C

绳子穿入木质环后固定，开始编结。

1 绳子对折，穿过木质环。

2 把两根绳端穿过环的中间。

3 拉紧。

4 拉紧后的样子。从这里开始编结。注意，有的作品是把反面放在正面。

反面

穿过串珠的方法

此为把绳子穿过串珠的方法。特别是同时穿过几根绳子的时候，用下面的方法可以轻松地穿过。

1 把绳端斜着剪去一段，涂上黏合剂使其变硬，然后穿过串珠。

2 把接下来要穿的绳子放在刚才穿过去的绳子中间夹着。

3 然后把串珠往右移动，这样就穿过去了。绳子的根数比较多的时候，重复步骤2、3。

一点建议

制作要点

1. **准备稍长的绳子**
   根据自己的需要选择绳子的长度。本书上写的长度已经预先留出了富余的长度，刚开始编制时最好准备更长一些的绳子。

2. **制作之前先练习编结**
   反复编制麻绳上会留下痕迹，对成品的美观度会有影响。通过练习编结，达到练习的同时也能知道所需要的绳子的长度。

3. **总是用同样的力度**
   拉紧绳子的时候，总是用同样的力度是很重要的。力度一样的话，编结的整齐度以及成品会很好看。

4. **按照自己的尺寸制作**
   书上标记的尺寸一般是大致的长度。手链、戒指或是项链等，特别是尺寸定制的款式，要事先确认成品尺寸再开始编制。

5. **操作的注意事项**
   麻线湿了之后有收缩的特性。虽然干了之后会复原，但尽量不要弄湿。

小窍门

编那种中途放手就变得搞不清楚的结（四股辫等）的时候，如果不想做时，用胶带固定编结的样子就可以了。重新开始做的时候，把胶带撕掉就行。

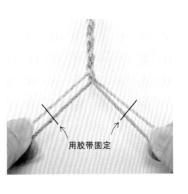

用胶带固定

15

先做一个手链看看

材料只需要麻线，制作简单的手链。
主要的绳结方法是并列平结。

5.手链　P6

[材料]

麻线（中粗）橙色（328）180cm 1根，
原色（361）180cm 1根、80cm 1根

[成品尺寸]

长29cm

编5cm三股
辫、1个平
结（步骤
1）

并列平结15cm
（步骤*2~16*）

1个平结
（步骤*17*）

编10cm三股
辫，3根编1
个单结（步
骤*19*）

Start
开始吧

*为了使步骤易懂，把原色绳子80cm换成了浅蓝色绳子。

1 从P14的方法A开始。把绳子放
在中央，然后橙色和原色开始
编平结，像图片那样放置绳子。

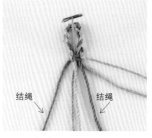

2 用并列平结来编结。先把左
边的4根编成平结（左上平
结）。

结绳　结绳

3 把左边的结绳放在芯绳上，
再放上右边的结绳，如箭头
所示穿过去。

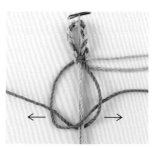

4 把2根结绳左右对称地拉紧。

5 平结的一半（0.5个）编好了。

6 把右边的结绳放在芯绳上，
再放上左边的结绳，如箭头
所示穿过去。

7 把结绳左右对称地拉紧。

8 左上平结完成了。

9 接下来，把右边的4根编成左
右对称的平结（右上平结）。

结绳

结绳

16

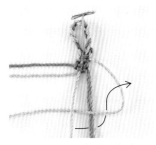

10 同步骤6、7把结绳穿过去，拉紧。

11 拉紧后的样子。平结的一半（0.5个）编好了。

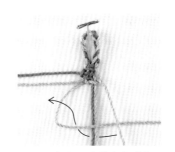

12 同步骤3、4把结绳穿过去，拉紧。

13 右上平结完成了。到此为止，完成了1个并列平结。

14 回到最初的地方，左边的4根为一组，重复步骤*3~13*。

15 完成了2个并列平结。重复同样的方法编15cm。

15cm

16 并列平结完成了。

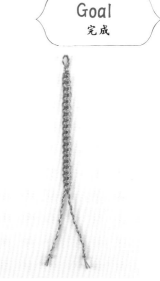

Goal
完成

17 把内侧的4根作为芯绳，左右2根编1个平结。

18 把6根绳子从中间分为各3根。

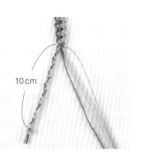

10cm

19 分别编10cm的三股辫，3根编1个单结。

手链完成了！

别的颜色也
做做看吧

6 手链 P6

[材料]

麻线（中粗）原色（361）180cm 2根，
茜草色（343）180cm 1根

[尺寸]

长27cm

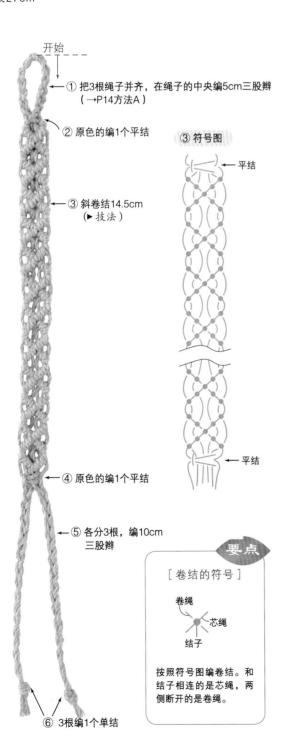

开始

① 把3根绳子并齐，在绳子的中央编5cm三股辫
（→P14方法A）

② 原色的编1个平结

③ 符号图

← 平结

③ 斜卷结14.5cm
（▶技法）

④ 原色的编1个平结

← 平结

⑤ 各分3根，编10cm
三股辫

要点

[卷结的符号]

卷绳

芯绳

结子

按照符号图编卷结。和
结子相连的是芯绳，两
侧断开的是卷绳。

⑥ 3根编1个单结

技法 斜卷结（菱形）

* 为了使过程更易懂，把1根原色绳子换成了浅蓝色的绳子。

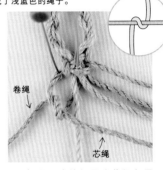

卷绳

芯绳

1 按照中央2根茜草色、旁边浅
蓝色（实际上是原色）、原
色的顺序放好。

2 把最左边的绳子（芯绳）用
大头针固定，卷起旁边的浅
蓝色绳子。

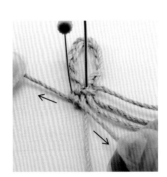

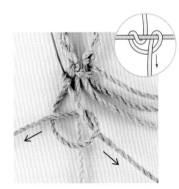

3 把卷起来的绳子如箭头所示
拉紧。

4 把同一根绳子按和步骤2相反
的方向卷起，拉紧。

结子

接下来要卷的绳子

5 完成1个卷结。把旁边的茜草
色的绳子按照步骤2~4卷起、
编结。

6 编了2个卷结。

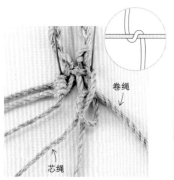
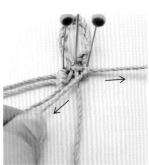
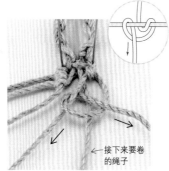

7 接下来,把最右边的绳子(芯绳)用大头针固定,卷起旁边的浅蓝色绳子(和步骤2对称)。

8 把卷起来的绳子如箭头那样拉紧。

9 把同一根绳子按和步骤7相反的方向卷起(和步骤4对称),拉紧。

10 把旁边的茜草色绳子按照步骤7~9卷起,编结。

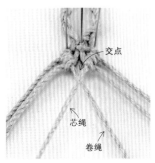

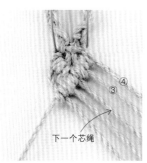

11 交点是把右边的原色绳子当作芯绳,左边的原色绳子按照步骤7~9那样编结。

12 编结完成。然后按照①、②的顺序卷起,在芯绳上编结。

13 编结完成。把步骤11里卷起的绳子当作芯绳,按照③、④的顺序卷起,编结。

要点

使用软木板,让你的作品更美观

图中为了更清楚地看到绳子,是在白色布上进行编制的,但实际操作中推荐你使用画有方格框的软木板。它可以让你正确测量角度,编出来的作品更加美观。

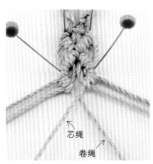
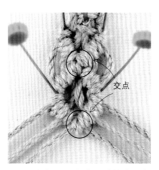
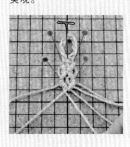

14 编结完成。重复步骤2~10。

15 交点总是把右边的原色绳子当作芯绳,用左边的原色绳子编结。

16 交点编结完成。结的方向很整齐,完成的作品很漂亮。

感受海滨的感觉

夏天的惯例，海滨风格。

蓝、白、红颜色清爽的小物品是女孩子的必备物品。

快点做好，戴在身上，好，出门吧！

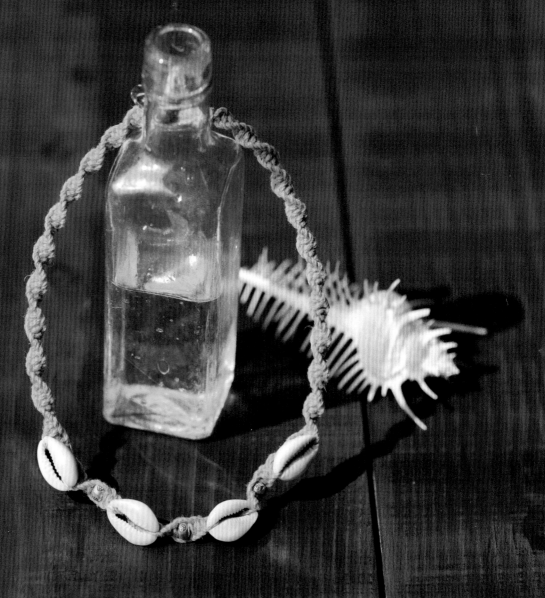

25 项链

使用贝壳和制作扭结而成的项链。
贝壳之间放入的小小的卡伦银是亮点。

设计 tama5

制作方法 P31

26 套索

初学者也能制作简单的三股辫套索。
穿过贝壳的位置左右不对称也可以。

设计　tama5

制作方法　　P114

27 脚链　　　　28 挂件
29 小饰物　　　　30 钥匙链

清爽的白色饰品，用各种配件组合起来的。
这四款饰品不管是制作还是使用都会让你很开心。

设计　27、29、30…童话艺术工作室　28…tama5

制作方法　　　27、28...P114　29...P28　30...P117

31

32   33   34

31 长挂件
32~34 手链

蓝白相间的海滨色做出来的长挂件和手链。
*31*和*33*使用同一种绳结。

设计 tama5

制作方法   *31*...P118   *32~34*...P117

35 腰带

用中粗麻绳制成,
有魅力的三种颜色的腰带。
可以搭配洋服。

设计　tama5

制作方法　　P120

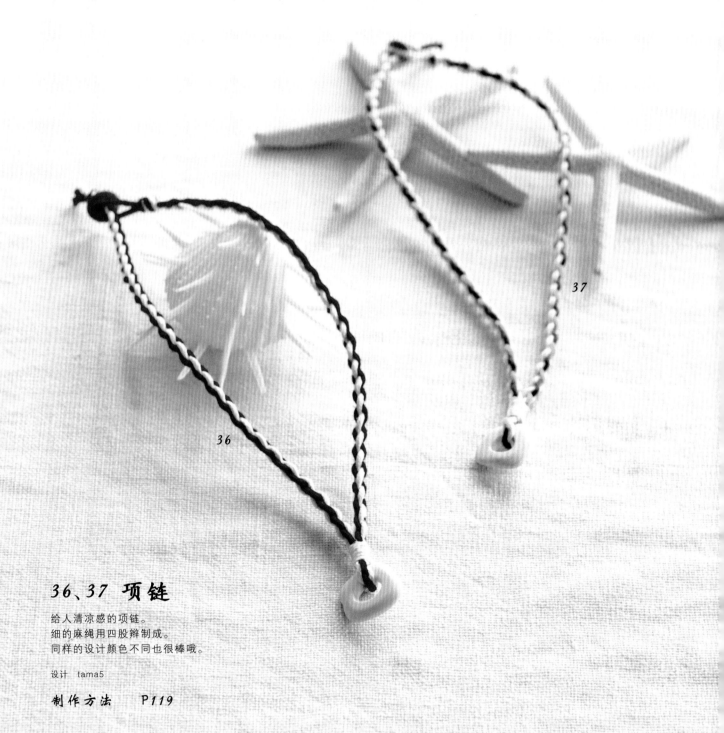

36、37 项链

给人清凉感的项链。
细的麻绳用四股辫制成。
同样的设计颜色不同也很棒哦。

设计 tama5

制作方法 P119

38、39 脚链
40、41 耳环

精致、纤细感觉的饰品。
带着淡路结耳坠看上去非常有范儿、拉风，珍珠耳坠则十分甜蜜、优雅。

设计　38、39…tama5　40、41…童话艺术工作室

制作方法　38、39…P119　40、41…P116

42 发带

具有立体感和质感的可爱发带。
使用中粗麻绳做成。

设计　童话艺术工作室

制作方法　P30

29 小饰物 P22

[材料]

麻线（细）白色（321）60cm 3根、120cm 1根
卡伦银 （AC776）9个
玻璃串珠 （AC994）9颗
玛瑙（S1118）1个
银色包链（S1041）1条

[尺寸]

长13cm（麻的部分7.5cm）

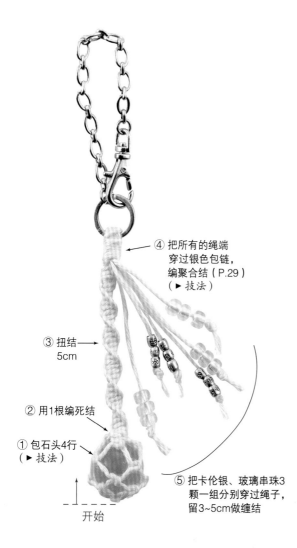

④ 把所有的绳端
穿过银色包链，
编聚合结（P.29）
（▶技法）

③ 扭结→
5cm

② 用1根编死结

① 包石头4行
（▶技法）

开始

⑤ 把卡伦银、玻璃串珠3
颗一组分别穿过绳子，
留3~5cm做缠结

技法　包石头

＊为了使步骤易懂，将3根60cm的白色绳子换成了浅蓝色。

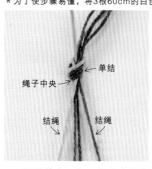

绳子中央　←单结

结绳　　结绳

1　绳子并在一起，在中央的位
置上，轻轻编1个单结，然后
用大头针固定。

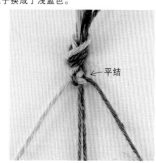

←平结

2　1根120cm的绳子和1根
60cm的绳子编1个平结。

3　解开单结，如图将绳子放好，
然后用大头针固定平结的中
心。

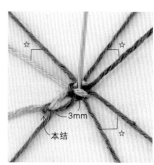

3mm

本结

4　在2根离中心约3mm的地方编
本结。其他绳子也各自编同
样的结。

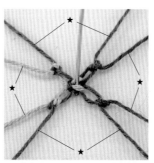

5　4个地方的结都编好了。接下
来改变组合方式，★处编本
结。

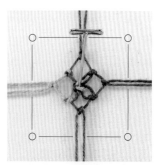

6　4个地方的结都编好了。改变
组合方式，再编2行本结。

7 编完结后，放入玛瑙包起来。

8 编一个死结封闭入口。

9 包石头做好了。用120cm的绳子继续编扭结。

技法 聚合结

翻过来

1 把120cm的绳子缠绕在一起。把所有的绳子挂在银色包链上，翻过来。

◆ ◇

2 把面前◇处的绳子折起来，用右手按着，把里面◆处的绳子往箭头的方向缠绕。

要点

凹凸不平的石头也能包住

本书中介绍的包石头的方法，是可以一边编一边根据石头的形状调节的，所以即便不是标准的圆球形的石头也可以包住。当需要包较大的石头时可以将本结距中心的长度调结得比3mm再长一些。

P5
包石头的坠子
吊坠部分就使用了形状不规则的天然石

3 缠几圈。绳子固定后换到刚才按着的右手也可以。

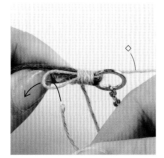

◇

4 缠好需要的长度后，往◇处的绳子做出的环里放入绳子。

◇

5 慢慢拉◇处绳子的绳端，把环拉紧。

剪

6 拉到环进入卷好的绳子里面，这样就完成了。绳端两边都剪到刚刚好为止。

42 发带　P27

[材料]

麻绳（中粗）　白色（562）、朱红色（568）各200cm　1根

麻线（细）　白色（321）40cm　2根

发圈（市售）2个

[尺寸]

周长58cm（麻的部分43cm）

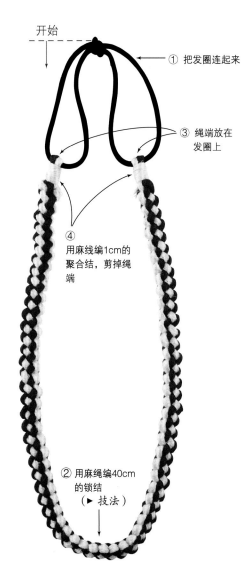

开始

① 把发圈连起来

③ 绳端放在发圈上

④ 用麻线编1cm的聚合结，剪掉绳端

② 用麻绳编40cm的锁结（▶ 技法）

① 发圈的连接方法

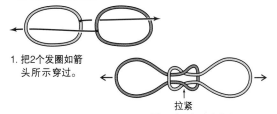

1. 把2个发圈如箭头所示穿过。

拉紧

2. 同时拉两边，把中央拉紧。

技法　锁结

* 为了更容易看懂，把白色绳子换成了原色。

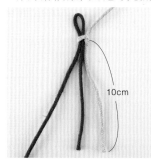

1 用朱红色绳子做一个环，用原色绳子编1个死结。绳端留约10cm。

2 把原色绳子长的那头放进朱红色绳子做出的环里。

3 慢慢拉朱红色绳子长的那头，拉紧。

4 往原色绳子的环里放入步骤3里拉的朱红色绳子。

5 慢慢拉原色绳子长的那头，拉紧。

6 如果绳子很松，就把它拉紧。

30

7 编1个结，再重复步骤2~6。

8 重复了几次后的样子。做出需要的长度。

9 编完后先把绳端放入环里。

10 按箭头所示拉绳子，拉紧环。

11 松紧刚刚好，做得很漂亮。

25 项链 P20

[材料]

麻线（中粗） 原色（361）380cm 1根、120cm 1根
贝壳（AC1283）4个
卡伦银（AC772）3个
椰子壳串珠（MA2224）1颗

[尺寸]

长43cm

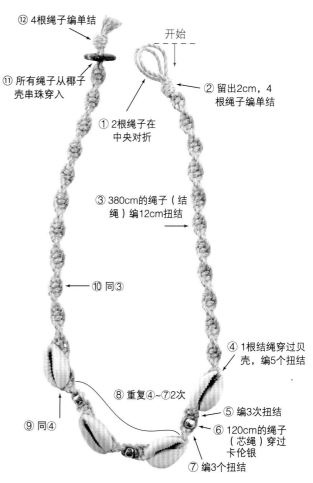

⑫ 4根绳子编单结

⑪ 所有绳子从椰子壳串珠穿入

① 2根绳子在中央对折

开始

② 留出2cm，4根绳子编单结

③ 380cm的绳子（结绳）编12cm扭结

⑩ 同③

④ 1根结绳穿过贝壳，编5个扭结

⑧ 重复④~⑦2次

⑤ 编3次扭结

⑥ 120cm的绳子（芯绳）穿过卡伦银

⑨ 同④

⑦ 编3个扭结

④ 贝壳的穿法

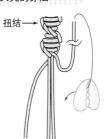

扭结→

1. 把结绳穿入贝壳，继续编扭结。

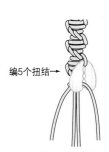

编5个扭结→

2. 编5次扭结后，再把结绳从贝壳里面穿到外面。

31

戴上彩色饰品出去吧

爬山、野营！对于爱运动的人来说最合适的就是光看
一眼就感觉很有活力的彩色饰品。

43

44

43、44 鞋带
让出行变得愉快的原创鞋带。
请用喜欢的颜色做做看。

设计：童话艺术工作室

制作方法 P43

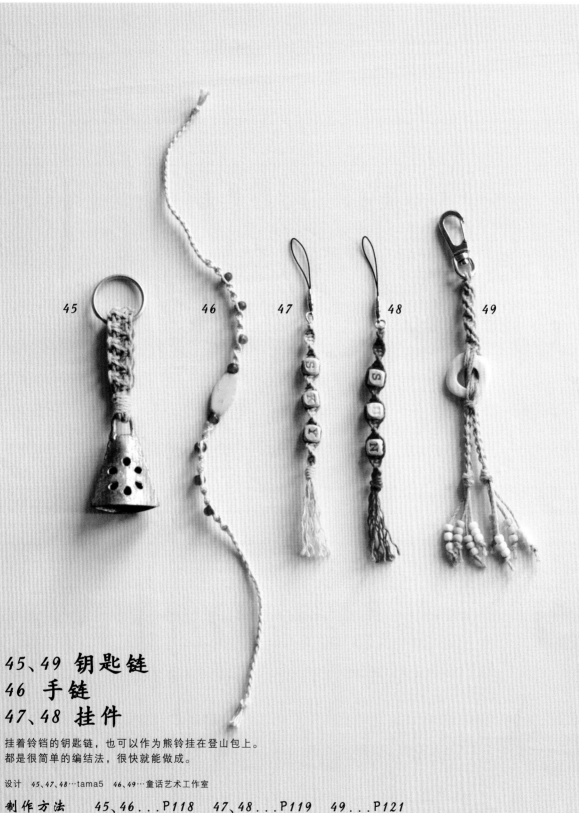

45、49 钥匙链
46 手链
47、48 挂件

挂着铃铛的钥匙链，也可以作为熊铃挂在登山包上。
都是很简单的编结法，很快就能做成。

设计 45、47、48…tama5 46、49…童话艺术工作室

制作方法　45、46…P118　47、48…P119　49…P121

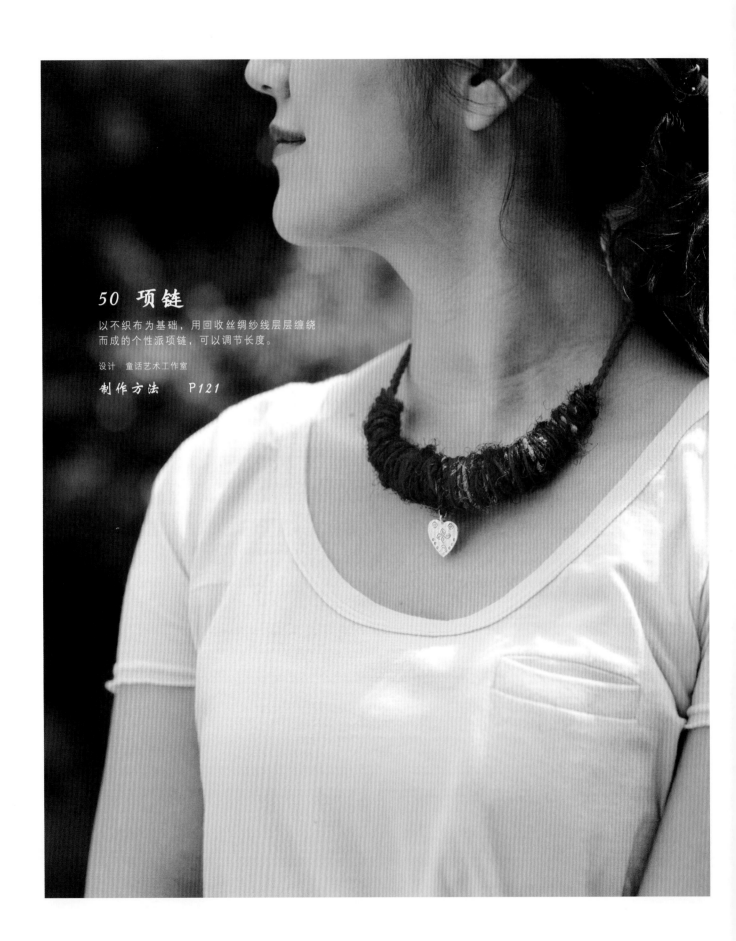

50 项链

以不织布为基础，用回收丝绸纱线层层缠绕
而成的个性派项链，可以调节长度。

设计 童话艺术工作室

制作方法 P121

51、52 手链
53 小饰物

突出了重点色彩的手链和使用了
各种各样材料的华丽小饰物。
给人有活力感觉的饰品。

设计　51、52···tama5　53···童话艺术工作室

制作方法　　51、52...P120　53...P122

52

53

51

35

54

54 项链
55 手链

这是两款搭配了和深红色绳子同色系的
串珠的简约套装。
主要以雀头结编成。

设计 童话艺术工作室

制作方法   P123

55

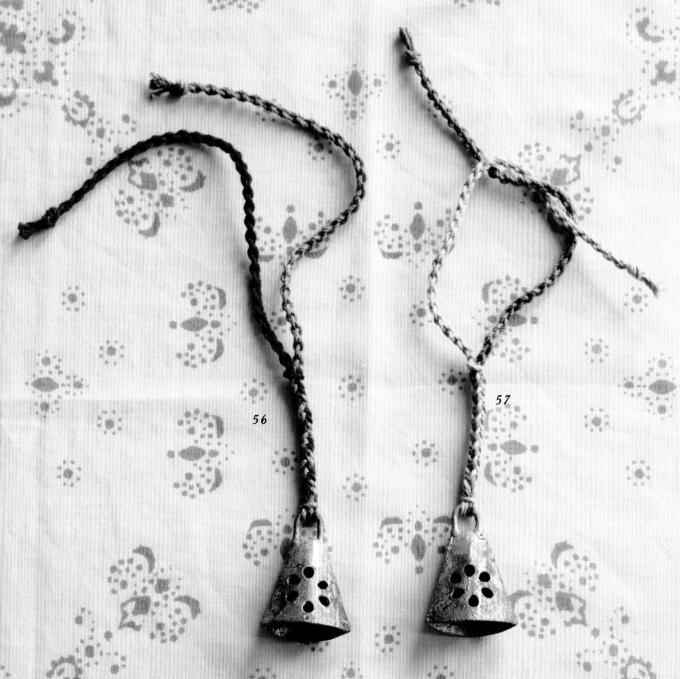

56、57 小饰物

可以在爬山的时候挂在包上，也可以当门铃用。
有两根绳子的设计，可以很容易地挂在任何地方。

设计　市川良枝

制作方法　　P122

58 长挂件

色彩鲜艳的并列平结的长挂件。
很宽很结实，推荐作为照相机的挂件使用。

设计 tama5

制作方法　　P123

59

60

59、60 发圈

用钩针编织的基本编织法做成的发圈。
59用华丽的回收丝绸纱线制成，
60配上玻璃珠显得可爱。

设计　童话艺术工作室

制作方法　　P135

61~65 手链

使用编织技法制成的充满活力的彩色手链。
61~63使用了段染色绳子。

设计 61～63…tama5 64、65…童话艺术工作室
制作方法 P41

61
62
63
64
65

61~63 手链　P40

[材料]

61…麻线（中粗）　民族风段染（372）300cm　1根
62…麻线（中粗）　红褐色段染（377）300cm　1根
63…麻线（中粗）　彩虹色段染（375）300cm　1根
61~63通用…麻线（中粗）　原色（361）40cm　2根
深棕色皮革绳2mm（504）60cm　1根、20cm　2根
白镴（AC469）1个

[尺寸]

长22cm（**61~63**）

64、65 手链　P40

[材料]

64…麻线（中粗）　品红色（335）、浅绿色（336）、浅
蓝绿色（337）各80cm　各1根
65…麻线（中粗）　白色（321）、红色（329）、蓝绿
色（330）各40cm　各2根
64、65通用……麻线　原色（361）20cm　2根
深棕色皮革绳2mm（504）60cm　1根
白镴　（AC473）1个

[尺寸]

长21cm（**64、65**）

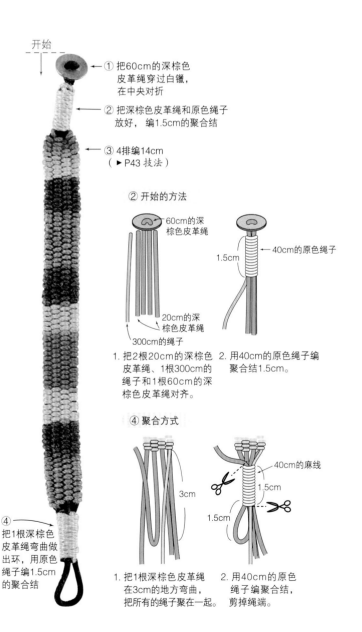

开始

① 把60cm的深棕色
皮革绳穿过白镴，
在中央对折

② 把深棕色皮革绳和原色绳子
放好，编1.5cm的聚合结

③ 4排编14cm
（►P43 技法）

② 开始的方法

60cm的深
棕色皮革绳

1.5cm

40cm的原色绳子

20cm的深
棕色皮革绳
300cm的绳子

1. 把2根20cm的深
棕色皮革绳、1根300cm的
绳子和1根60cm的深
棕色皮革绳对齐。

2. 用40cm的原色绳子编
聚合结1.5cm。

④ 聚合方式

40cm的麻线

3cm

1.5cm

1.5cm

1. 把1根深棕色皮革绳
在3cm的地方弯曲，
把所有的绳子聚在一起。

2. 用40cm的原色
绳子编聚合结，
剪掉绳端。

④
把1根深棕色
皮革绳弯曲做
出环，用原色
绳子编1.5cm
的聚合结

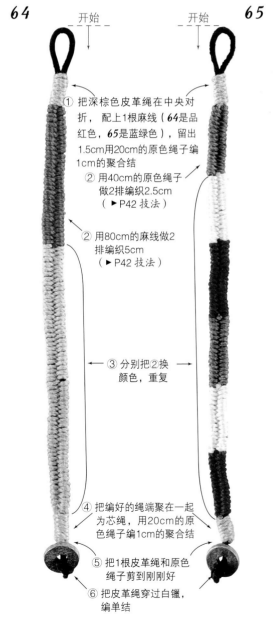

64　开始　开始　**65**

① 把深棕色皮革绳在中央对
折，配上1根麻线（**64**是品
红色，**65**是蓝绿色），留出
1.5cm用20cm的原色绳子编
1cm的聚合结

② 用40cm的原色绳子
做2排编织2.5cm
（►P42 技法）

② 用80cm的麻线做2
排编织5cm
（►P42 技法）

③ 分别把②换
颜色，重复

④ 把编好的绳端聚在一起
为芯绳，用20cm的原
色绳子编1cm的聚合结

⑤ 把1根皮革绳和原色
绳子剪到刚刚好

⑥ 把皮革绳穿过白镴，
编单结

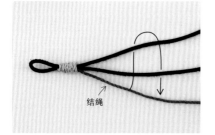

1 绳子横放，如箭头所示把结绳（麻）缠在芯绳（皮革绳）上。

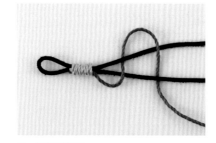

2 缠好的样子。

3 把缠好的绳子往聚合结的方向拉紧。

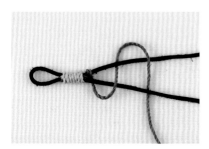

4 重复步骤1~3。

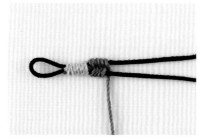

5 缠了几次的样子。之后，缠出指定的长度。

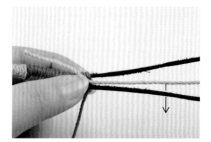

6 中途换绳子的时候，把新的绳子沿着芯绳如箭头所示往下穿入。

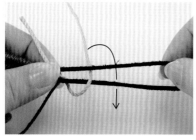

7 同步骤1的方向缠进去。

8 缠好的样子。同步骤3放进左边拉紧。

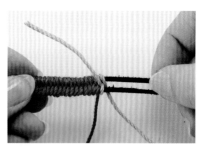

9 拉紧后的样子。之后，同步骤1~3缠起来。

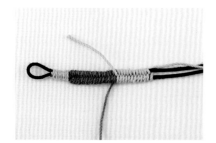

10 两种颜色的绳子缠好的样子。

11 缠好之后把中途的绳端剪到刚刚好为止。

12 剪掉了，后面还留下品红色的绳端，同样剪掉。

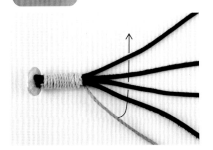

1 绳子横放，如箭头所示把结绳（麻）穿过芯绳（皮革绳）。

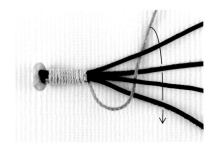

2 接着如箭头所示穿过去。

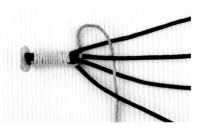

3 穿过去了的样子。往聚合结的方向拉紧。

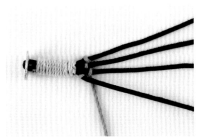

4 拉紧后的样子。重复步骤*1~3*缠绕起来。

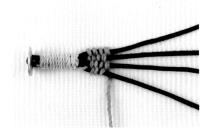

5 缠了几次的样子。同样地，缠到指定的长度为止。

要点

交错地穿过绳子的编结

编结是像波浪缝法那样，把并排的绳子上下交错地穿过、打结的方法。就算芯绳的根数不同，方法也是一样的。

43、44 鞋带　P32

[材料]（一双的量）

43…麻线（中粗）　品红色（335）、浅绿色（336）各180cm　4根

44…麻线（中粗）　紫色（332）、浅蓝绿色（337）各180cm　4根

[尺寸]

长140cm

＊根据鞋带的形状或绳子的穿法的不同，所需要的绳子的长度也不同。

在这里是按照同作品*43*为标准标记的。

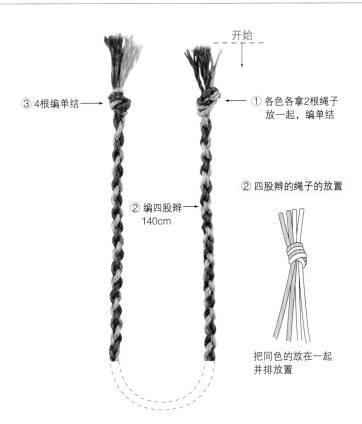

开始

③ 4根编单结 →

← ① 各色各拿2根绳子放一起，编单结

② 编四股辫 →
140cm

② 四股辫的绳子的放置

把同色的放在一起并排放置

休闲潇洒的度假风

把珠子或其他配件充分组合而成的

华丽的饰品。

和牛仔布的粗糙风格搭配起来的话，

就成了经过锤炼的成人休闲风格。

66 耳环

绳编加羽毛组合的民族风耳环。
绳子使用了段染色，左右颜色有微妙的不同，也是一种时尚。

设计　童话艺术工作室

制作方法　　P124

70 簪子

各种配饰在风中摇摆，
充满魅力的头饰。
可以随意地插在松绾的头发上。

设计　童话艺术工作室

制作方法　P124

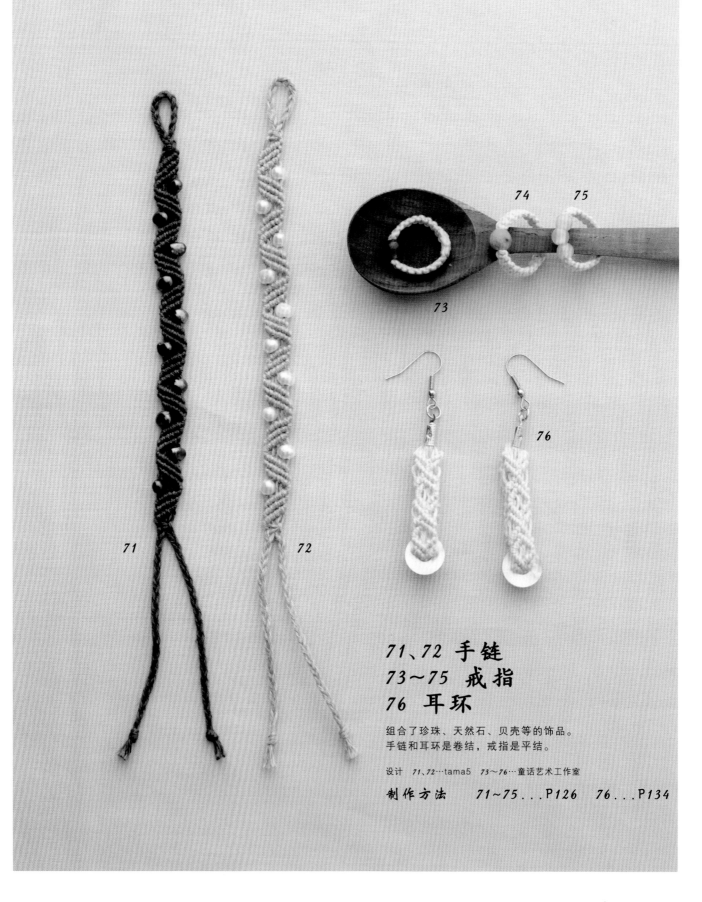

71 72

73

74 75

76

71、72 手链
73~75 戒指
76 耳环

组合了珍珠、天然石、贝壳等的饰品。
手链和耳环是卷结，戒指是平结。

设计 71、72…tama5 73~76…童话艺术工作室

制作方法   71~75…P126   76…P134

77 长项链
78 手链

这款贝壳吊坠的项链，在收尾的部分使用了天然石进行装饰，
即便从后面看也很漂亮。
手链是简单的卷结，搭配了铜珠。

设计　77…童话艺术工作室　78…tama5

制作方法　　P127

79 项链

把穿了银珠子的绳状配件和左右结的
绳子组合而成的项链。
缠在手腕上当手链也很有味道。

设计 童话艺术工作室

制作方法 P128

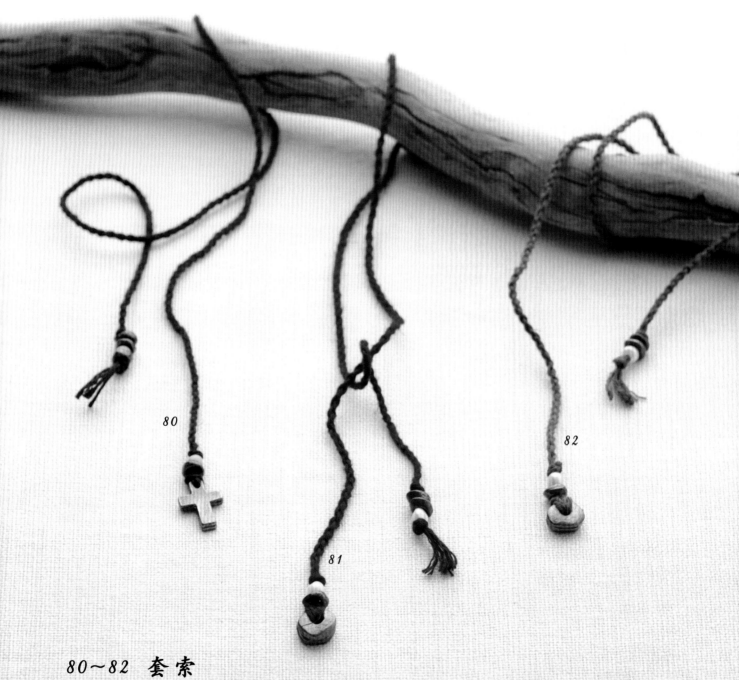

80~82 套索

纤细感觉的以四股辫编成的套索。
81、82颜色不同，80的配件有一点改变。

设计 童话艺术工作室

制作方法 P128

83 眼镜绳

用圆形四宝结、平结、四股辫编制的眼镜绳。
顶端的木质串珠可以挂太阳镜或眼镜。

设计　童话艺术工作室

制作方法　　P129

84 腰带

这是一款黑色的绳子上加上蓝色串珠，卷结编制的腰带，
和浅色的连衣裙或衬衫搭配的话，显得很美。

设计　童话艺术工作室

制作方法　　P130

85、86 手镯

把弹簧当作芯绳编制的手镯。
有两种粗细类型的设计。

设计 童话艺术工作室

制作方法 P134

87 戒指
88 脚链

卷结的戒指和雀头结的脚链。
脚链上垂下的铜珠很可爱。

设计 童话艺术工作室

制作方法 87...P130 88...P55

88 脚链 P54

[材料]

麻线（细）浅褐色（322）、槐树色（342）各340cm 1根

铜珠（AC1132）35颗、（AC1142）1颗

[尺寸]

长27cm

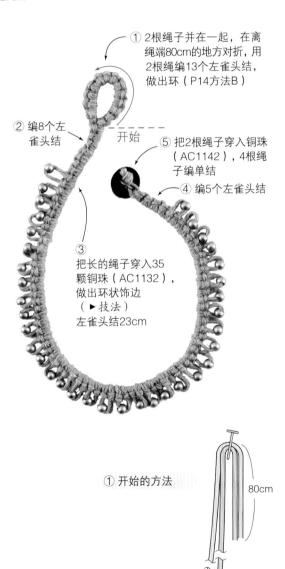

① 2根绳子并在一起，在离绳端80cm的地方对折，用2根绳编13个左雀头结，做出环（P14方法B）

② 编8个左雀头结

开始

③ 把长的绳子穿入35颗铜珠（AC1132），做出环状饰边（▶技法）左雀头结23cm

⑤ 把2根绳子穿入铜珠（AC1142），4根绳子编单结

④ 编5个左雀头结

① 开始的方法

80cm

技法　环状饰边的制作方法

1　穿上1颗铜珠，如箭头所示缠绕绳子，往2cm下面的地方拉紧。

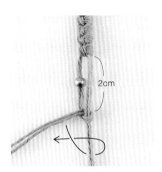

2cm

2　如箭头所示缠绕绳子，编1个左雀头结，完成。

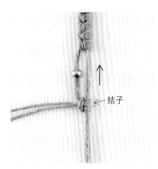

结子

3　把编好的结往上拉。

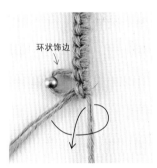

环状饰边

4　环状饰边做好了。接下来编1个左雀头结。

5　编好的样子。把步骤1~4重复编。

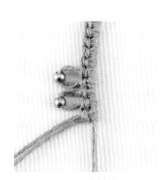

6　重复了1个后的样子。

男生的饰品

麻饰品戴在男生身上也很合适。

现在介绍一下硬朗感觉的类型和感受配对乐趣的

有点纤细的类型的设计。

89 钱包绳 　　90、91 钥匙链

配对的麻绳作为基础的饰品。89和90组合了皮革绳，有点硬朗的感觉。

设计　童话艺术工作室

制作方法　　89...P129　90...P61　91...P60

92、93 挂件

用相同绳结方法编制的挂件和手链。

设计　tama5

制作方法　　P131

94、95 手链

92、94为卷结，93、95为圆形四宝结。

96

97

96、97 项链

能配对使用的十字架吊坠。
麻绳和不锈钢丝组合在一起，是很漂亮的设计。

设计　童话艺术工作室

制作方法　　P132

98 99 100

98、100 手链
99 项链

颜色素雅、可爱的手链和项链。
98是给女孩子佩戴的手链。
99和**100**是以相同绳结方法编制成的。

设计　**98**···tama5　**99**，**100**···童话艺术工作室

制作方法　　**98**...P135　**99**、**100**...P133

91 钥匙链 P56

[材料]

麻线（粗） 原色（361）70cm 4根
钥匙扣（G1021）、钥匙圈（G1020）各1个

[尺寸]

长11cm（麻的部分是5cm）

④ 把绳端穿过①的
里面，做成环

开始

① 4根绳子各自对折，穿
在钥匙扣上（P15方法
C）

② 编10cm平结和左、
右雀头结
（▶技法）

③ 穿过钥匙圈

＊为了更容易看懂，中央的2根绳换成了蓝色。

1 把8根绳子穿好，开始编。

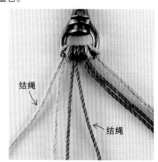

结绳

结绳

2 最初的行，首先是左边的4根，
2根当作芯绳，编右上平结。

3 编好了。

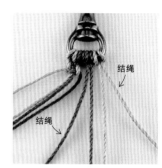

结绳

结绳

4 然后是右边的4根，2根当作
芯绳，编左上平结。

5 最初的行完成了。在左右相
同的高度有左右对称的平结。

结绳

结绳

6 接下来是第2行。首先是中间
的4根，2根当作芯绳，编左
上平结。

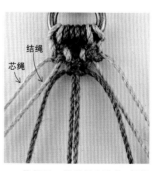

结绳

芯绳

7 编好了。然后是左边的2根编
右雀头结。

结绳

芯绳

8 最后是右边的2根编左雀头结。

9 中央是平结、左右是雀头结。
然后，重复步骤*2~8*。

10 编好3行的样子。

作品的整理方法

1 把作品翻过来，用锥子或大头针把结弄松。

2 把绳端从外侧穿到内侧（如果有钩针很方便）。

3 编个本结，让旁边的绳子和结穿到内侧。剩下的里面的结也各自穿过1根绳子，和旁边的绳子编本结。

4 编完结后变成了环状。最后剪掉绳端，用黏合剂把绳头粘好。

90 钥匙链 P56

[材料]

麻绳（细）　原色（561）80cm　1根
2mm蓝色皮革绳（512）80cm　1根
钥匙扣（S1015）1个、钥匙圈（S1014）2个

[尺寸]

长13.5cm（麻的部分是8.5cm）

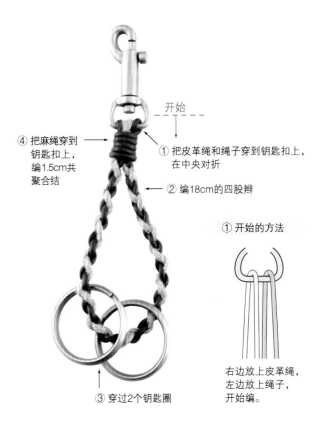

④ 把麻绳穿到钥匙扣上，编1.5cm共聚合结

开始

① 把皮革绳和绳子穿到钥匙扣上，在中央对折

② 编18cm的四股辫

③ 穿过2个钥匙圈

① 开始的方法

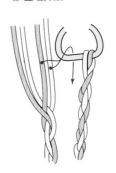

右边放上皮革绳，左边放上绳子，开始编。

④ 整理方法

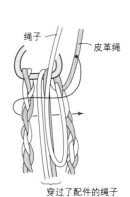

绳子　皮革绳

穿过了配件的绳子

1. 把皮革绳和绳子各1根穿到钥匙扣上，翻过来。

2. 没有穿到钥匙扣上的2根绳子编聚合结（P29）。

61

时尚简约的手链

帅男靓女都会喜欢时尚简约的手链
使用常用的10种技法设计的麻质手链。
变换颜色或将喜欢的串珠进行组合、改变长度都可以将其变成另一种饰品！
编制得多的话，也可以将其作为礼物送给朋友。

设计 tama5（P62～P65的所有作品）

基本技法

101 斜卷结手链（Z字形） 制作方法 ☞ P139
102 圆形四宝结手链 制作方法 ☞ P139
103 平结手链 制作方法 ☞ P139
104 雀头结手链 制作方法 ☞ P139
105 环结手链 制作方法 ☞ P140
106 扭结手链 制作方法 ☞ P140

编结步骤图 P66～P73

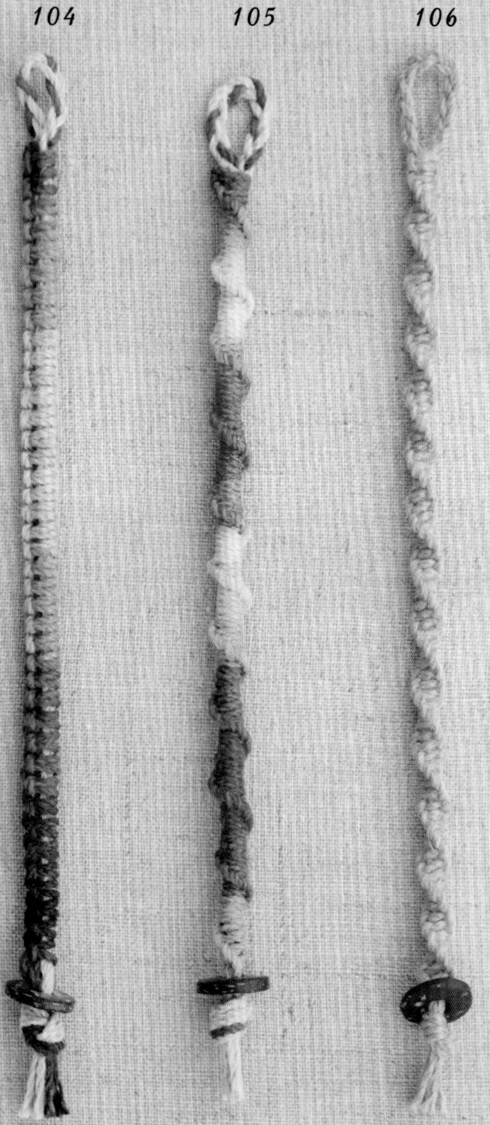
104
105
106

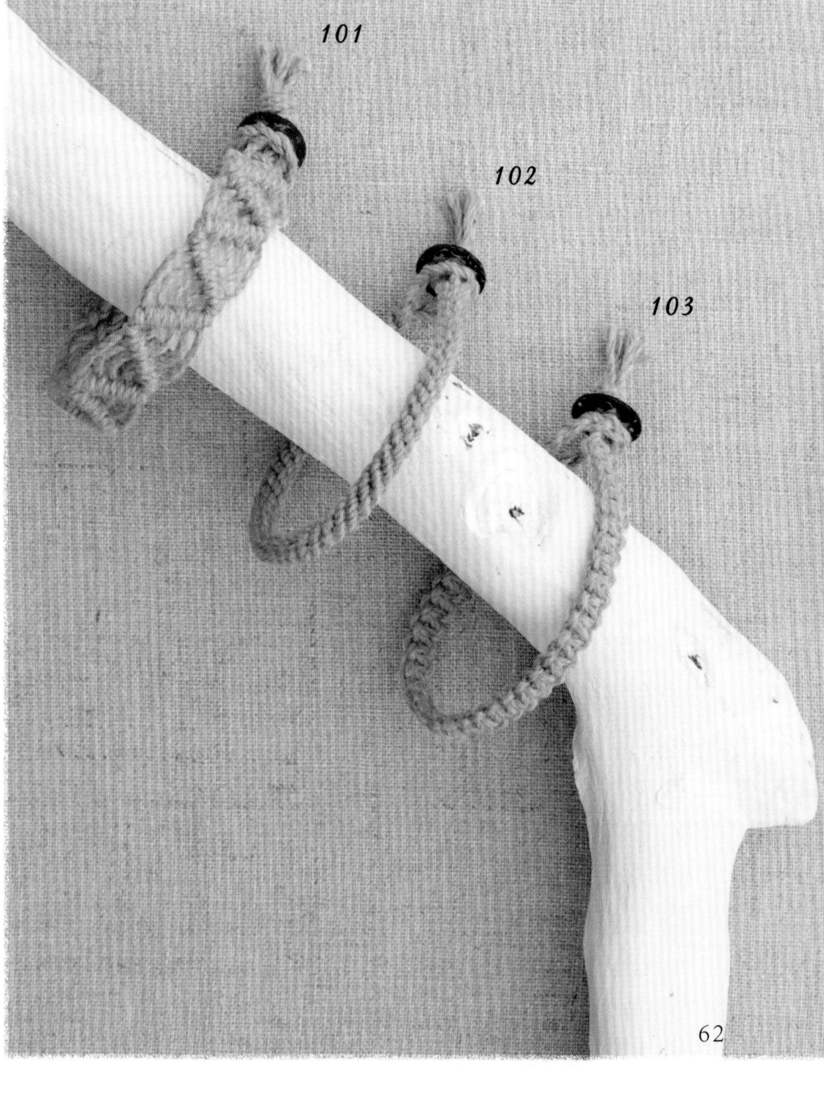
101
102
103

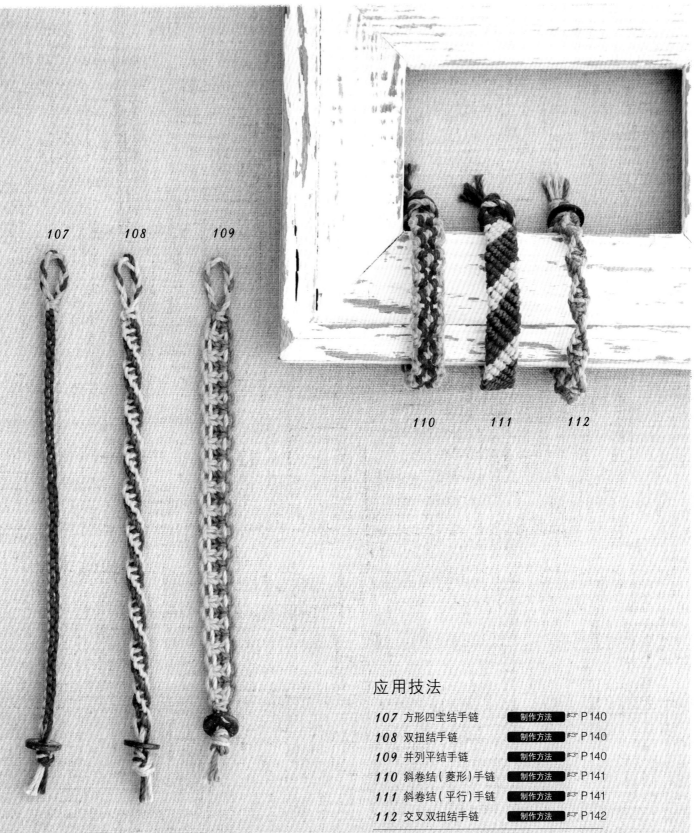

应用技法

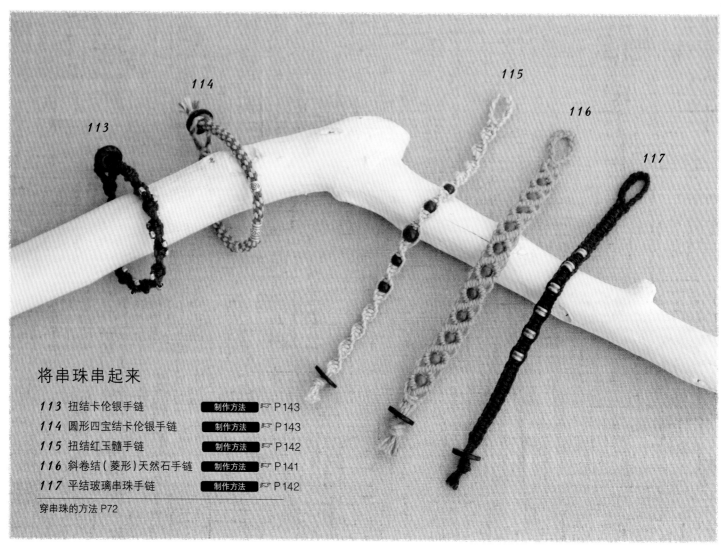

将串珠串起来

113 扭结卡伦银手链   **制作方法** ☞ P143

114 圆形四宝结卡伦银手链   **制作方法** ☞ P143

115 扭结红玉髓手链   **制作方法** ☞ P142

116 斜卷结（菱形）天然石手链   **制作方法** ☞ P141

117 平结玻璃串珠手链   **制作方法** ☞ P142

穿串珠的方法 P72

118 扭结短项链

和113做法相同的短项链。
吊坠使用较大的卡伦银进行替代。

制作方法   P143

改变其长度

无论何种手（项、脚）链，只要使其编结的长度变长，都可以制作成其他的饰品。不妨使用你喜爱的编结方法，编制出一系列饰品。

119 平结脚链

和作品103做法相同的脚链。
使用两种颜色的绳子编织而成。

制作方法   P142

技法组合

使用并列平结和卷结组合技法编制的短项链和手链。
设计性骤然提升，但此种技法只可编制作品109、110、111。
将不同的编结方法进行组合，可以得到意想不到的效果，
所以请一定要抱着娱乐的心态多做一些尝试。

121

120

120 短项链
121 手链

红色串珠与素雅无瑕的短项链或手链搭配。
短项链的长短可以调节。

制作方法　　P144

一起来做时尚简约的手链吧！

试着来做 101 ~ 117 的手链吧。从开始到结尾的技法，我们都将为你一一呈现。
了解了一种编结方法，对其进行实际应用，你就可以编结出许多东西，
因此你一定要尝试多挑战几种编结方法。　制作方法提供：tama5

绳子的准备方式
根据作品的不同
而有所差异。

 开始 *101 ~ 117* 通用

104、105 将由此
开始变为各式
各样的绳结。

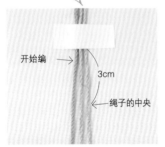

1 把绳子并在一起，在偏离绳子中央3cm的位置粘上胶带，对其进行固定。

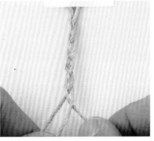

2 编三股辫（→ P91）4cm左右的长度。

3 将编好的部分折两折。中间凸起的部分就是绳子的中央。

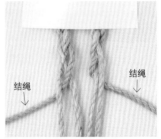

4 用胶带将上面凸起的部位固定，将2根用于编结的绳子拽向外侧，编平结。

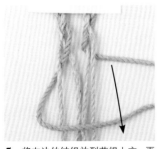

5 将左边的结绳放到芯绳上方，再将右边的结绳放到其上方。

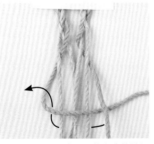

6 如箭头所示方向，将右边的结绳从芯绳下方绕过来。

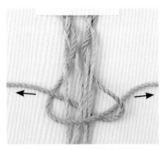

7 向左右两侧对称拉紧2根结绳。

8 图为平结编织到一半（0.5个）时。

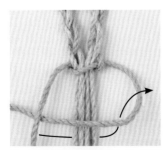

9 将右侧结绳放到芯绳上方，再将左侧结绳放在右侧结绳的上方，如箭头所示穿过来（和步骤5、6左右对称）。

10 再向左右两侧对称拉紧2根结绳，1个平结就编制完成了。

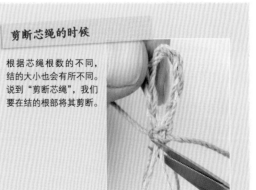

剪断芯绳的时候

根据芯绳根数的不同，结的大小也会有所不同。说到"剪断芯绳"，我们要在结的根部将其剪断。

掌握了 P66 的技法的话……

重复 P66 的步骤 5 ~ 10,可以编成平结手链(103);
重复步骤 5 ~ 8 可以编成扭结手链(106)。

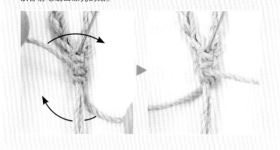

编扭结的秘诀

随着编结处的扭转,结绳将变为纵向。开始时每编3个,之后每编五六个,一边按照箭头所示变换结绳的位置,一边编结,便可以容易地编出漂亮的结。

绳子的中央

起始时绳子的准备方法
(103 、 106 相同)

★ 180cm 的结绳
▲ 60cm 的芯绳
● 20cm 的芯绳 (剪掉)

图片中为了使编结处看起来更清晰,将结绳由原色换成了黄绿色。

平结手链 (103)

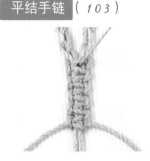

扭结手链 (106)

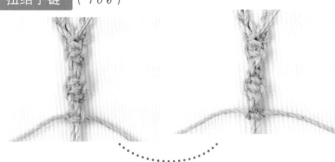

◀右上扭结*

* 扭结分为右上和左上。
106 为左上扭结,按照 P66 步骤 9 绳子的放置方法反复编结,就可以向相反方向编织右上扭结。

掌握了平结的话……

将 2 列平结左右重叠排列,即可编成并列平结手链(109)。
由于结绳和芯绳均可直观,因此建议你选择色彩鲜艳的颜色。

并列平结手链 (109)

绳子的中央

起始时绳子的准备方法
★ 140cm 的结绳
▲ 60cm 的芯绳

1 编三股辫后,如图所示位置摆放绳子,用外侧的结绳编1个平结。

2 用右侧的4根绳子编1个右上平结
(P66 步骤 9→10→5→6→7→8)
(★:结绳 ▲:芯绳)。

3 编完结后的效果图。

4 然后用左侧的4根绳子编1个左上平结(P66步骤 5~10)(★:结绳 ▲:芯绳)。

5 至此,编完了1个并列平结。此后,重复步骤2~4。

右上平结和左上平结

将右侧结绳放在芯绳上方,由此开始是编右上平结;将左侧结绳放在芯绳上为左上平结。并列平结,在右侧编结时为右上,在左侧编结即为左上,结的形状要从中央向左右两侧对称。

掌握了扭结的话……

用2根绳子编出有扭转感觉的双扭结手链（*108*）。
将4根结绳来回变换，进行编结。

双扭结手链（*108*）

**起始时绳子的
准备方法**
★ 170cm 的结绳
▲ 60cm 的芯绳

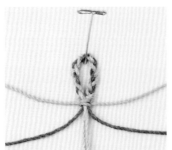

1 编三股辫后，用黄色绳子编平结。

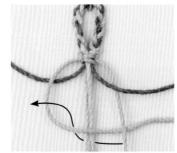

2 左侧将绿色绳子放在下面，黄色绳子放在上面，右侧将黄色绳子放在下面，绿色绳子放在上面，用黄色绳子编1个左上扭结。

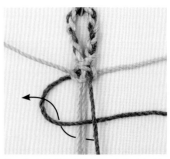

3 这次用绿色绳子编1个左上扭结。此时，注意绳子的上下位置要按照步骤2进行摆放，不要出错。

4 用两种颜色的结绳各编1个结。然后按照步骤2、3重复2次。

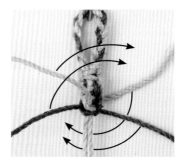

5 两种颜色的结绳纵向延伸，编3个结后，按照箭头所示进行调换，会更容易编结。

6 图为调换结绳位置后的效果。

> **双扭结的要点**
>
> 无论何时，请注意不要改变4根结绳的上下位置（对于此作品，左侧为绿色在下、黄色在上，右侧为黄色在下、绿色在上）。
> 将4根绳子左右对称放置，右侧结绳叠放在芯绳上开始编结的话，掌握同样的要领就可以编出右上双扭结。

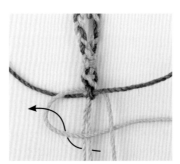

7 重复步骤2~5。

8 用各条结绳各编五六个结后，变换绳子的位置，重复编结。

掌握了双扭结的话……

挑战一下难度稍高技法的交叉双扭结手链（112）。
将左上双扭结和右上双扭结交错编，变换绳子位置进行编结。这样就可以编出像镶嵌了钻石一般的结。

交叉双扭结手链（112）

起始时绳子的准备方法

★ 170cm 的结绳
▲ 60cm 的芯绳

图片中为了使编结处更清晰明了，将结绳由原色换为了黄绿色。

1 编三股辫后，用橙色绳子编平结。

2 左侧将黄绿色绳子放在下面，橙色绳子放在上面；右侧将橙色绳子放在下面，黄绿色绳子放在上面，用橙色绳子编1个左上扭结。

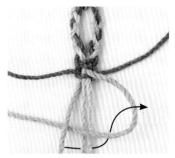

3 这次，用黄绿色绳子编1个右上扭结。此时，注意绳子的上下位置要按照步骤2进行摆放，不要放错。再按照步骤2、3重复编结。

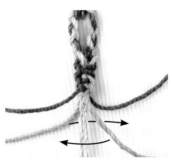

4 各编2个后，变换2根黄绿色绳子的左右位置。

5 图为变换黄绿色绳子位置后的效果图。

6 同步骤2，用橙色绳子编左上扭结。

从侧面看

7 编好结。从侧面看橙色绳子是纵向伸的，这就是交叉的部分。

8 用黄绿色绳子编右上扭结之后再各编2个扭结。

9 各编3个扭结，沿着绳子的延伸方向，调换橙色绳子的位置。

交叉双扭结的要点

左右双扭结和必须要调换绳子位置的交叉双扭结都是稍难一些的高级技法。刚开始的时候不要着急，一边确认绳子的位置，或者一边注意是否呈菱形，慢慢进行练习。早一点掌握了规则，就可以早一点学会编了。

10 变换绳子位置后的效果图。

11 之后，各编3个结，再变换黄绿色绳子的位置，再各编3个结后调换橙色绳子的位置，照此反复进行编结。

卷结

将芯绳横放或斜放，用结绳按顺序编结，
101、**110**、**111** 均使用了这种技法。

斜卷结（Z字形）手链（**101**）

↑
绳子的中央

起始时绳子的准备方法
绳长均为120cm

为了使编结处更清晰明了，图片中将芯绳选为了黄绿色绳子。实际制作时，请用3根原色绳子采用三股辫开始编结。

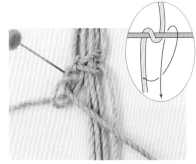

芯绳

1 编三股辫后，编1个平结。用大头针将最左侧的绳子固定，向右斜下方拉伸，就成了芯绳。

2 将左侧原色绳子按顺序绕芯绳的下、上、下部后拉紧，再按插图中箭头所示摆放绳子。

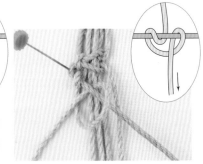

3 顺势拉紧。

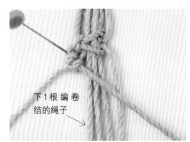

下1根 编卷结的绳子

4 完成1个卷结。剩下的部分，从左至右逐根依次各编1个卷结。

5 图为5根绳子分别编过1个卷结后的效果图。

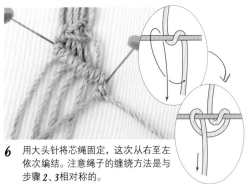

6 用大头针将芯绳固定，这次从右至左依次编结。注意绳子的缠绕方法是与步骤**2**、**3**相对称的。

7 图为卷结完成后的效果图。同样，用大头针将芯绳固定，慢慢编成Z字形。

斜卷结（平行）手链（**111**）

↑
绳子的中央

起始时绳子的准备方法
绳长均为200cm

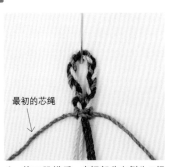

最初的芯绳

1 编三股辫后，中间部分左侧为2根黄色绳子，右侧为2根红色绳子，用绿色绳子编1个平结。

2 与Z字形手链一样，将绿色绳子作为芯绳，从左边开始按顺序编5个卷结。

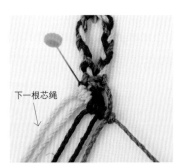

下一根芯绳

3 图为第1行编好后的效果图。下一行让最左侧的黄色绳子作为芯绳。

卷结作品一定会有符号图示，要按照图示进行编织。符号图示的识别方法在本书的P90，*101*的符号图示在第P139，*110*、*111*的符号图示介绍在P141。

4 同步骤 *2*，用大头针固定芯绳，从左侧开始按顺序编5个卷结。

5 直到最开始作为芯绳的绿色绳子编结结束后，第2行也就完成了。之后亦如前，将最左侧的绳子作为芯绳进行编结。

6 图为5组编完后的效果图。芯绳固定在2根左右即可，因此可以边松大头针边编结。

斜卷结（菱形）手链（*100*）

起始时绳子的准备方法
绳长均为150cm

1 编三股辫后，将2根红色绳子放在中间位置，用原色绳子编1个平结。将最左侧的绳子作为芯绳（◆），按照原色→红色的顺序编卷结。

2 将最右侧的绳子作为芯绳（◇），从右侧起按照原色→红色的顺序编卷结。

3 交点处是用左侧芯绳（◇）在右侧芯绳（◆）上编的卷结。

4 然后，按照从红色绳子→原色绳子的顺序，用左侧绳子在右侧芯绳（◇）上朝左斜下方编卷结。

5 将芯绳（◇）折回去后，按照原色→红色绳子的顺序编卷结。

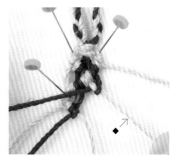

6 用右侧剩余的3根绳子按照红色→原色的顺序在芯绳（◆）上朝右斜下方编卷结。

编菱形的顺序

卷结的顺序是完成步骤4后，再按照步骤6编织，先完成菱形的上半部分，再按照步骤5、7完成后半部分就可以了。如果菱形的中心穿串珠的话（P64、*116*），就可以按照这个步骤编了。

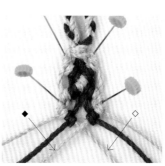

7 将芯绳（◆）折回去后，再按照原色→红色绳子的顺序编卷结。交点处和步骤3相同。

8 交点处都是向相同方向编的卷结，因此结的方向均一致。

环结和雀头结

这是用一根绳子缠绕着一束芯绳进行编结的方法。用这个技法可以编制环结手链（**105**）和应用其技法的雀头结手链（**104**）。使用段染的彩色绳子，可以呈现出非常漂亮的层次感。

环结手链（**105**）

起始时绳子的准备方法
★ 270cm 长的结绳
▲ 60cm 长的芯绳

1 编三股辫后，将左侧结绳按箭头所示方向缠绕。

2 缠绕后的效果图。

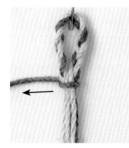

3 顺势拉紧，环结就编好了。

4 连续编结后的效果图。

＊将结绳从右侧拉出，和步骤**2**对称着绕绳子，向相反方向编右环结（→ P89）。

雀头结手链（**104**）

起始时绳子的准备方法
★ 230cm 长的结绳
▲ 60cm 长的芯绳

1 编三股辫后，将右侧结绳按箭头所示方向缠绕。

2 缠绕后的效果图。

3 横向拉紧，按箭头所示方向绕绳子。

4 缠绕后的效果图。

＊将结绳从左侧拉出，与步骤**1~4**对称着缠绕绳子，向相反方向编左雀头结（→ P89）。这款手链没有正反之分，因此无论是从左边编还是从右边编，成品都是一样的。

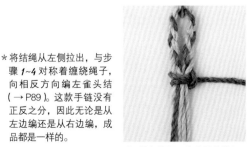

5 横向拉紧，雀头结就编好了。

6 连续编结后的效果图。

穿串珠的技巧

P64的 **113~117** 都是在麻绳上穿了串珠。在这里，向大家介绍穿过串珠小洞的技巧。

〈基本穿法〉

固定绳子，将串珠顺着绳子捻的方向边旋转边向前移动。

〈穿多根绳子时〉

先穿容易穿的部分，将剩下的部分夹在之前已经穿过去的绳子的中间，将其拉过去。

72

四宝结

这种编结方法要将 4 根绳子重叠。向同一方向重叠就可以编成圆形四宝结手链（*102*）。
每次左右交替重叠绳子，就可以编成方形四宝结手链（*107*）。

四宝结手链 （*102*、*107*）

起始时绳子的准备方法
★ 180cm 长的结绳
▲ 20cm 长的芯绳（剪断）
为了使绳子的编结方法更清晰明了，*102* 和 *107* 采用了同样的颜色搭配方案。实际编结时，请使用 3 根原色的绳子开始。

1 先按三股辫进行编结，用原色绳子编 1 个平结后，在芯绳 20cm 处将其剪断。

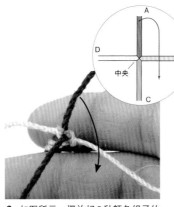

2 如图所示，摆放好 2 种颜色绳子的位置，按照箭头重叠绳子。

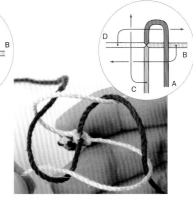

3 按照图示，向右重叠剩下的绳子。

4 将 4 根绳子均匀拉紧。

5 拉紧后的样子。

重复步骤 *2~5*
圆形四宝结

6 步骤 *5* 后，再向左侧重叠绳子。

7 将 4 根绳子均匀拉紧。

重复步骤 *2~7*
方形四宝结

最后一步 *101 ~ 117* 均相同

1 各种结编好后，将绳子穿过椰子壳串珠。

2 将所有的绳子并在一起，编单结（→ P90）。拉紧时，要一根一根地逐个拉。

3 将绳子的下端剪去。

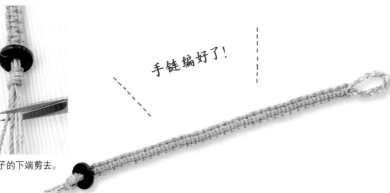

手链编好了！

122a

122b

122c

122 长带子

三个颜色交织呈现的扭结是长带子的重点。
可用于姓名卡片悬挂带、袖珍腰带、拴笔用
的带子，这一款长带子可以用于各个地方。

设计 瞳硝子

制作方法 P94

123 相机绳

将麻线与废弃回收丝绸纱线进行组合，完成一款个性十足的可爱设计。
使用了卷结、平结、并列平结的编结方法。
可以牢固地挂住一台照相机，尽可以安心使用。

设计　真理子

制作方法　　P95

124 钥匙链

在中间嵌入红玉髓的一款卷结钥匙链。
款式精巧，制作简单。
男女均可使用的简易设计是其魅力所在。

设计　tama5

制作方法　　P98

125 防熊铃铛小饰品

大大的毛球和色彩艳丽的搭配，
作为登山背包的饰品十分可爱。
推荐喜爱登山的女孩子选择这款饰品。

设计　真理子

制作方法　　P104

126 挂件
127 十字挂件

和手链一样，首先我们来试着编一个小一点的挂件。
127的十字挂件是用圆形四宝结和左右结编制的。

设计　真理子
制作方法　　P146

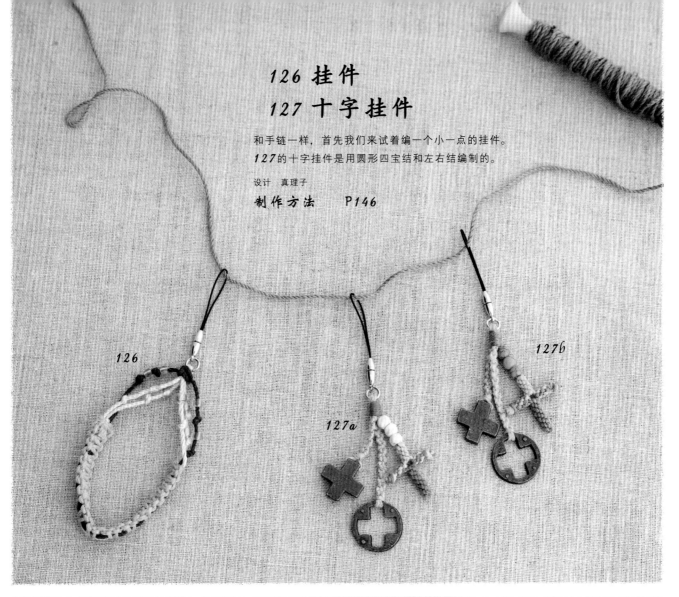

126

127a

127b

128 钱包挂绳

草编花样的钱包挂绳。
看起来有些复杂，
其实规则地将结绳与芯绳交替相穿，
编平结就可以了，
初学者也一定要来挑战一下这一款哦。

设计　瞳硝子
制作方法　　P103

77

129 双圈项链

本款项链男女均适用。
这款设计有种面向上层人士的感觉。
由于使用了各种各样的编结方法，
还穿了许多零部件，
编制过程中一定充满了乐趣。

设计 瞳硝子

制作方法　　P148

130 雀头结狗狗项圈

这是一款使用了很多木质串珠的流行项圈。
将左右两侧的雀头结交替编织，
就可以编出柔软的曲线。

设计　瞳硝子

制作方法　　P96

131、132 卷结狗狗项圈和主人手链

这款项圈使用的是维生素色彩，
给人以充满活力的感觉。
仅使用横卷结就可以编出这款项圈。
外出的时候，
主人也可以戴上同款的手链。

设计　瞳硝子

制作方法　　P147

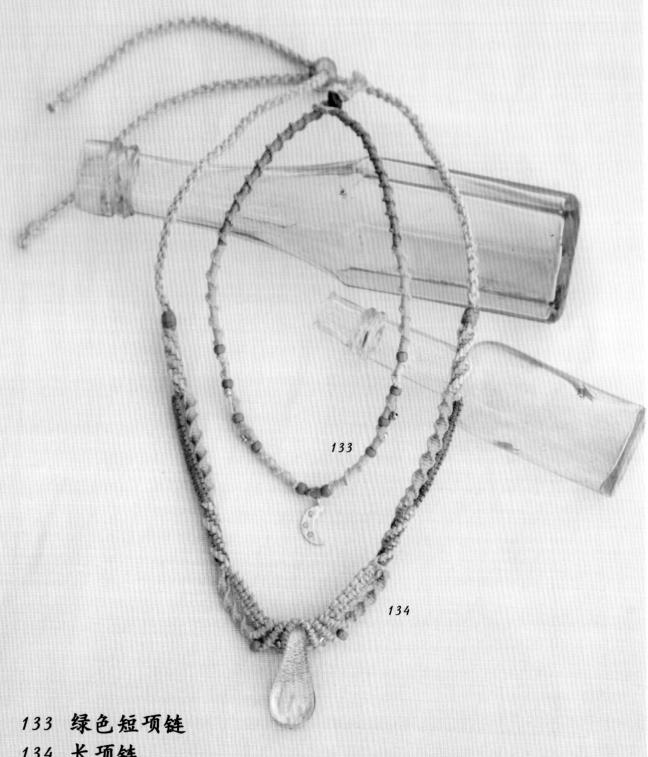

133 133

134 134

133 绿色短项链
134 长项链

133是使用环结编出的纤细的短项链。
134是将各种各样的编结方法进行组合,
编出具有强大存在感的长项链。
分开戴或配着戴都是很棒、很漂亮的设计。

设计 真理子

制作方法 133···P108 134···P105

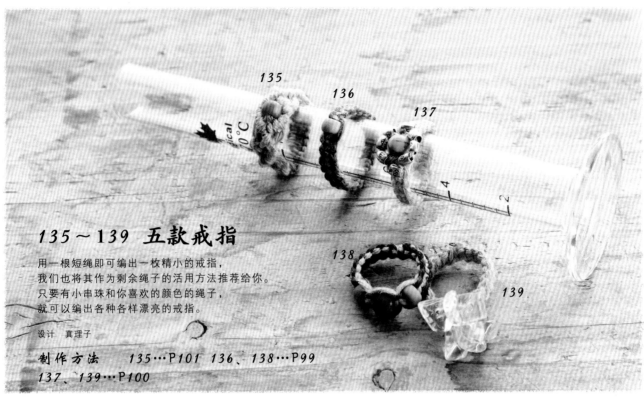

135～139 五款戒指

用一根短绳即可编出一枚精小的戒指，
我们也将其作为剩余绳子的活用方法推荐给你。
只要有小串珠和你喜欢的颜色的绳子，
就可以编出各种各样漂亮的戒指。

设计 真理子

制作方法 135…P101 136、138…P99
137、139…P100

140 天然石耳环

这款耳环将两种颜色的麻线与绿松石组合。
绿松石与色彩鲜艳的绳子搭配的组合a，
水晶鱼色调温和的麻线搭配的组合b。
请选择喜欢的那一款进行编结。

设计 真理子

制作方法 P149

141a

142

141b

与141a有颜色差异。
将蔷薇石英作为主石，
用原色和白色麻线编制而成。

141 水晶石项链

这款绝美的项链拥有着包裹住天然石的粗线与由麻线编结出的细线之间形成的协调感。
顶端可通过移动木质串珠来更换项链中间的水晶石。

设计　真理子

制作方法　　P97

142 水晶石手链

用左右结、平结搭配水晶石的三圈手链。
可与141垂饰的设计配套编结。

设计　真理子

制作方法　　P98

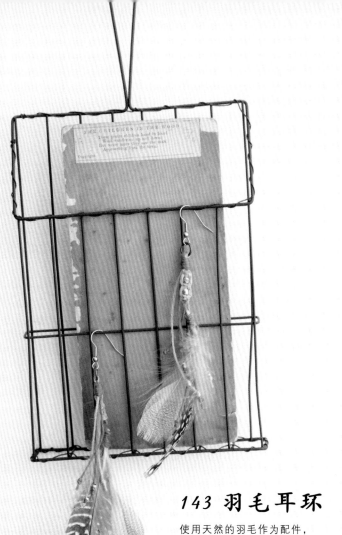

143 羽毛耳环

使用天然的羽毛作为配件，
特别受欢迎的一款原生态味道十足的耳环。
轻轻飘动的羽毛，这一动感的设计是此款饰品的重点。

设计 真理子

制作方法 P149

144 双圈手链

以蓝色为主色调的清凉系手链。
一圈使用的是圆形四宝结，
另一圈使用的是雀头结，
各自独立编结，最终汇合。

设计 真理子

制作方法 P106

145 梦想接球手

梦想接球手，是召唤美好的梦想，驱散噩梦的护身符。
使用环结的编结要领将蜘蛛网状的绳子编在环里面。

设计 瞳硝子

制作方法　　P101

146 长项链

木质串珠和土黄色麻线一起编制的项链。
由于垂饰部分有重量感，建议你用于搭配简明条纹的服装。

设计 瞳硝子

制作方法   P145

85

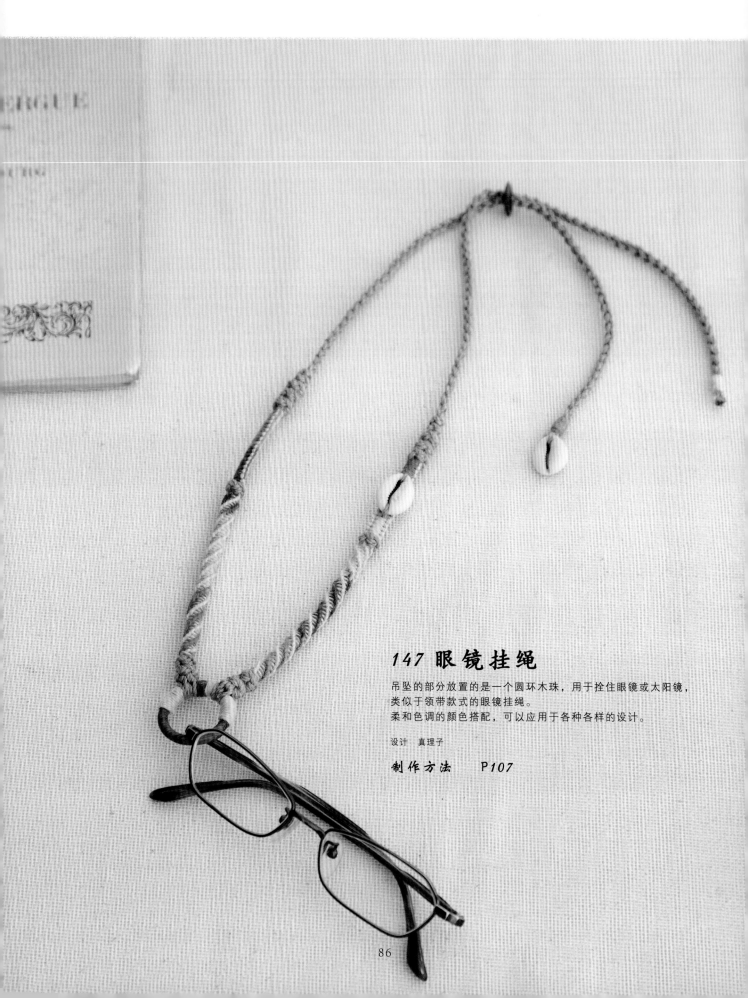

147 眼镜挂绳

吊坠的部分放置的是一个圆环木珠，用于拴住眼镜或太阳镜，
类似于领带款式的眼镜挂绳。
柔和色调的颜色搭配，可以应用于各种各样的设计。

设计 真理子

制作方法 P107

86

可以简单地使用在扎起的
头发上，与发髻也能够
很好的搭配在一起

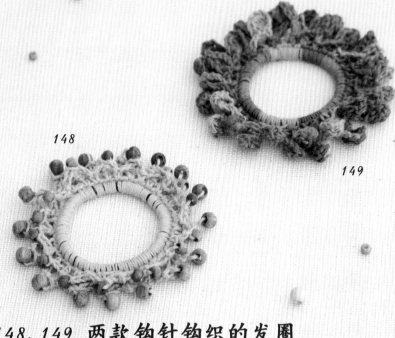

148

149

148、149 两款钩针钩织的发圈

用麻线包裹在市售的发圈上即可编制出这两款饰品。

*148*将木质串珠作为了钩织的重点，

*149*则使用各段颜色的差异来让饰品的色彩更加艳丽。

设计 笠间绫

制作方法 P150

150b

150a

150 钩针钩织的手机套

主体部分是一圈一圈绕着圈钩织的，
盖子部分是往返钩织的
使用锁针和短针两种钩织方法即可，一款多色是这款手机套的两
个特点。手机套后面可以缠绕耳机的大纽扣设计也是它的亮点

设计 笠间绫

制作方法 P150

基本绳结方法

*P66～P73印有步骤图。请对照着一起看。

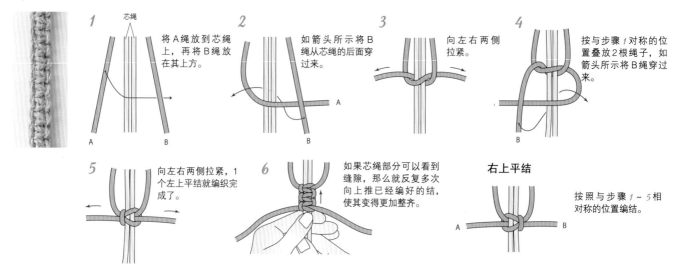

平结 将左右两侧的绳子交替在芯绳上打结。这是经常使用的编结方法。

1 芯绳 将A绳放到芯绳上，再将B绳放在其上方。

2 如箭头所示将B绳从芯绳的后面穿过来。

3 向左右两侧拉紧。

4 按与步骤1对称的位置叠放2根绳子，如箭头所示将B绳穿过来。

5 向左右两侧拉紧，1个左上平结就编织完成了。

6 如果芯绳部分可以看到缝隙，那么就反复多次向上推已经编好的结，使其变得更加整齐。

右上平结 按照与步骤1～5相对称的位置编结。

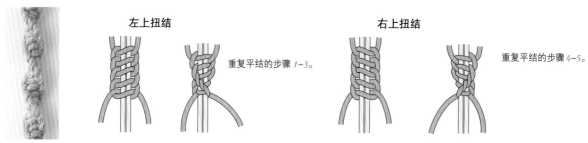

扭结 平结的应用。每次将同一侧的绳子放在芯绳上编结。

左上扭结 重复平结的步骤1~3。

右上扭结 重复平结的步骤4~5。

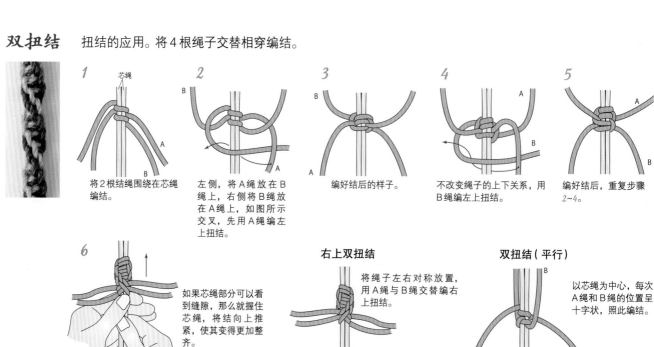

双扭结 扭结的应用。将4根绳子交替相穿编结。

1 芯绳 将2根结绳围绕在芯绳编结。

2 左侧，将A绳放在B绳上，右侧将B绳放在A绳上，如图所示交叉，先用A绳编左上扭结。

3 编好结后的样子。

4 不改变绳子的上下关系，用B绳编左上扭结。

5 编好结后，重复步骤2~4。

6 如果芯绳部分可以看到缝隙，那么就握住芯绳，将结向上推紧，使其变得更加整齐。

右上双扭结 将绳子左右对称放置，用A绳与B绳交替编右上扭结。

双扭结（平行） 以芯绳为中心，每次A绳和B绳的位置呈十字状，照此编结。

交叉双扭结　扭结的应用。将4根绳子的位置来回交换，即可编结。

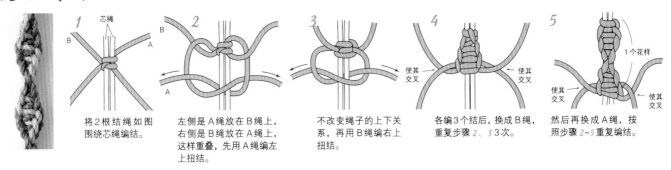

1 将2根结绳如图围绕芯绳编结。

2 左侧是A绳放在B绳上，右侧是B绳放在A绳上，这样重叠，先用A绳编左上扭结。

3 不改变绳子的上下关系，再用B绳编右上扭结。

4 各编3个结后，换成B绳，重复步骤2、3 3次。

5 然后再换成A绳，按照步骤2~5重复编结。

并列平结（6根）　左右对称的平结2排并列。根据作品的不同，也会有从右侧的4根开始编结的。

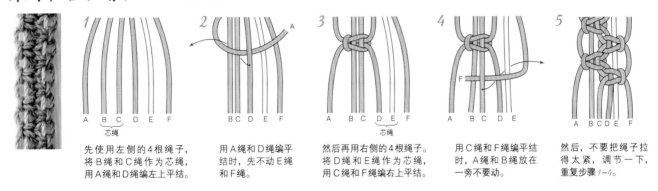

1 先使用左侧的4根绳子，将B绳和C绳作为芯绳，用A绳和D绳编左上平结。

2 用A绳和D绳编平结时，先不动E绳和F绳。

3 然后再用右侧的4根绳子。将D绳和E绳作为芯绳，用C绳和F绳编右上平结。

4 用C绳和F绳编平结时，A绳和B绳放在一旁不要动。

5 然后，不要把绳子拉得太紧，调节一下，重复步骤1~4。

环结　用绳子的一端绕着芯绳打圈来编结。

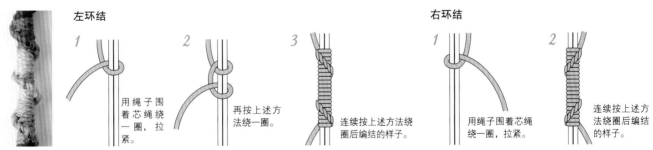

左环结

1 用绳子围着芯绳绕一圈，拉紧。

2 再按上述方法绕一圈。

3 连续按上述方法绕圈后编结的样子。

右环结

1 用绳子围着芯绳绕一圈，拉紧。

2 连续按上述方法绕圈后编结的样子。

雀头结　环结的应用。把一边绳子的两端围绕芯绳从上到下交替地2次缠绕在芯绳上编结。

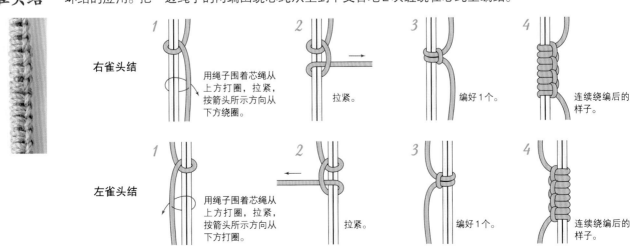

右雀头结

1 用绳子围着芯绳从上方打圈，拉紧，按箭头所示方向从下方绕圈。

2 拉紧。

3 编好1个。

4 连续绕编后的样子。

左雀头结

1 用绳子围着芯绳从上方打圈，拉紧，按箭头所示方向从下方打圈。

2 拉紧。

3 编好1个。

4 连续绕编后的样子。

卷结　在芯绳上，使用相同的打卷方法用多根绳结按顺序依次打卷。

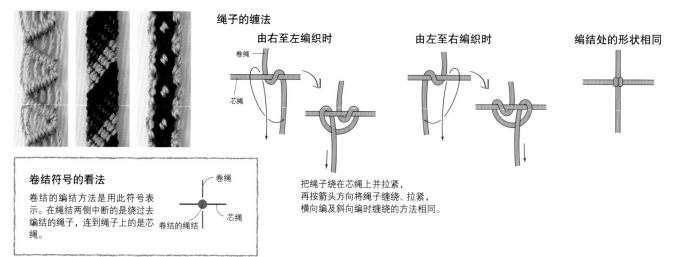

绳子的缠法

由右至左编织时　　由左至右编织时　　编结处的形状相同

卷绳

芯绳

把绳子绕在芯绳上并拉紧，
再按箭头方向将绳子缠绕、拉紧，
横向编及斜向编时缠绕的方法相同。

卷结符号的看法

卷结的编结方法是用此符号表示。在绳结两侧中断的是绕过去编结的绳子，连到绳子上的是芯绳。

卷绳

卷结的绳结

芯绳

横卷结
将芯绳横着放，用竖着的绳子依次在芯绳上缠绕。

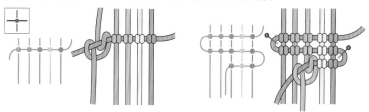

斜卷结（Z字形）
将芯绳斜着放，再用竖着的绳子依次缠绕在芯绳上。

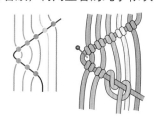

斜卷结（平行）　将芯绳斜着放，把绳子按顺序缠绕。

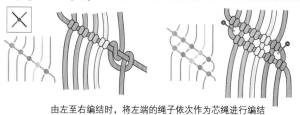

由左至右编结时，将左端的绳子依次作为芯绳进行编结

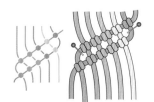

由右至左编结时，将右端的绳子依次作为芯绳进行编结

单结　将绳子旋转缠绕，打成1个单结。

1

如图箭头所示把绳子旋转打结。

2

将绳端向下拉。

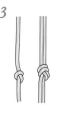

3

编结完成。无论几根，都用同样的方法。

死结　用2根以上的绳子并在一起编结。在绳子的两端常使用此编结方法。

1

用对折后的绳子或多根绳子编结。在1根绳子上再加1根，按照单结的要领编结。

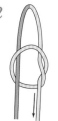

2

拉伸绳子的一端，拉紧。

3

完成。

缠结（2次）

按照单结的要领缠绕2次，将编结处拉紧成线圈状。

1

按照单结的要领缠绕2次。

2

把缠绕的部分做成线圈状，拉紧

线圈状

3

编结完成。

左右结

将左右两侧的绳子交替作为芯绳和结绳编结。

1

将左侧的绳子作为芯绳，用右侧的绳子缠绕。

2

将右侧的绳子作为芯绳，用左侧的绳子缠绕。完成1个左右结。

3

1次

重复步骤 1~2。

三股辫

将3根绳子左右交替放入其内侧编。

1

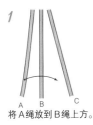

A B C

将A绳放到B绳上方。

2

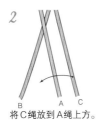

B A C

将C绳放到A绳上方。

3

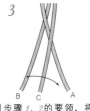

B C A

同步骤 1、2 的要领，将外侧的绳子放入到内侧编结。

4

为了使各个编好的结之间不留空隙，编结时将绳子拉紧。

四股辫

用4根绳子，将两端的绳子放入内侧编。

1

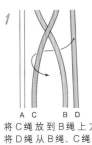

A C   B D

将C绳放到B绳上方，将D绳从B绳、C绳下方绕过来，再将其放到C绳和B绳之间。

2

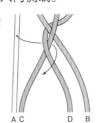

A C   D B

将A绳从C绳、D绳下方绕过来，再将其从上方放入到D绳和C绳之间。

3

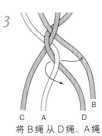

C A   D

B

将B绳从D绳、A绳下方绕过来，再将其从上方放入到A绳和D绳之间。

4

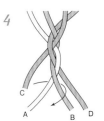

C

A   B D

将C绳从A绳、B绳下方绕过来，再将其从上方放入到A绳和B绳之间。边重复步骤 1~4，边在编织时将绳子拉紧，使各个编好的结之间不留空隙。

聚合结

聚拢绳子时使用。由于上下两端的线头都要进行处理，因此一般编结时要同时注意背面。

1

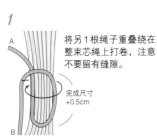

A

B

将另1根绳子重叠绕在整束芯绳上打卷，注意不要留有缝隙。

完成尺寸 +0.5cm

2

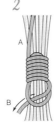

A

B

缠完需要的尺寸时，将绳子的B端穿过下面的圆环中穿出。

3

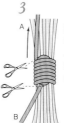

A

B

拉A端的绳子，将B端绳子从穿过的环拉入已经编好的卷中，然后剪断绳子的两端。

本结

像编平结一样，移动绳子来编结。

1

A   B

如图所示，使2根绳子交叉。

2

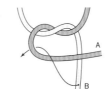

A

B

将A绳叠放在B绳上，再将B绳按箭头所示方向穿过去。

3

编结完成。

圆形四宝结　　将4根绳子摆成十字状，向右编结。多次反复后编成圆柱状。

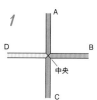

1 将4根绳子相交叉摆放成十字的形状。

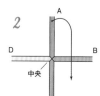

2 将A绳放在B绳上。

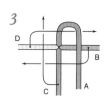

3 朝着向右的方向，将B绳放到A绳和C绳的上方，再将C绳叠放到B绳和D绳上方，最后将D绳穿过A绳叠在B绳上时形成的环。

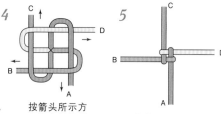

4 按箭头所示方向将各根绳子拉紧。

5 完成。重复步骤2~4。

方形四宝结　　每编一圈四宝结后再逆时针编结。多次反复后编成方柱状。

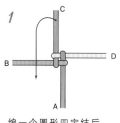

1 编一个圆形四宝结后，将C绳叠放到B绳上。

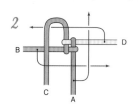

2 朝着向左的方向，将B绳放在C绳和A绳的上方，将A绳叠放在B绳和D绳上方，最后将D绳穿过C绳叠在B绳上时形成的环。

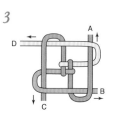

3 按照箭头所示方向将各根绳子拉紧。

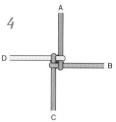

4 完成。重复步骤1~3。

四股收尾结　　绳端处是设计的重点。向右叠放绳子编结。

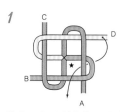

1 按照圆形四宝结的前面4个步骤编结后，不拉紧绳子，而是将D绳由下向上从靠近中心处的环（★）穿过去。

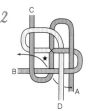

2 再将A绳由下向上从靠近中心处的环（★）穿过去。

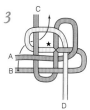

3 B绳也采用同样的方法穿过去。

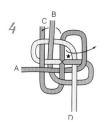

4 C绳也采用同样的方法穿过去。最后穿过的地方会比之前的环小，所以一定注意不要穿错地方。

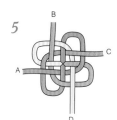

5 确认所有的绳子都靠近中央处，并且所有绳子都是从下向上穿过来的。

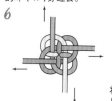

6 沿着各根绳子的延伸方向，逐个拉紧。

7 将绳子的末尾处并齐，轻轻地从上向下梳理，用小锥子将其拉紧。绳子按照①、②、③的位置连接在一起。

8 整理好结的形状，完成。

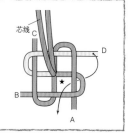

带有芯绳的四股收尾结

以芯绳为中心，包裹着芯绳，编四股收尾结。

四股收尾结　收紧绳子的方法（步骤 *7* ）　为了使读者看得更清晰，图中使用的是粗绳。

1. 在步骤 *7* 中②的位置上用小锥子拉绳子。

2. 对于比较松的绳子，朝着③的方向将其拉紧。

3. 下一根绳子也同样。拉绳子②，绳子①也自然而然地被拉动，顺势将其拉紧。

4. 朝着③的方向拉绳子，排除绳子松垮的问题。剩下的绳子也同样照此方法将其拉紧。

杉绫八股结　用8根绳子，把两边的绳子穿进内侧编结，做成角柱状。

1

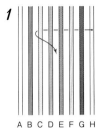

把H穿过G、F、E、D、C的下面，从上面放入D和E的中间。

ABCDEFGH

2

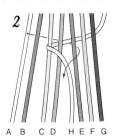

把左边的A按照箭头所示的那样从下面穿过，放入H和D之间。

A B CD HEFG

3

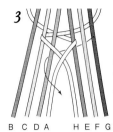

把右边的G按照箭头所示的那样从下面穿过，放入A和H之间。

B CDA HEFG

4

重复步骤2、3，把最外侧的绳子放入内侧编结。

B CDA GHEF

5

拉紧编结。

淡路结　编2圈淡路结，拉紧，做成球状。

1

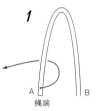

绳端

A　　B

对折。把B留得长一点，把A按照箭头所示的那样弯曲，做成环。

2

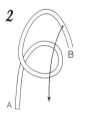

B

A

把B放在环上面。

3

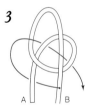

A　　B

把B从左到右、后、前、后、前、后像缝针一样穿过。

4

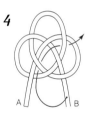

A　　B

到此为止是淡路结。然后把B的绳子按箭头所示的那样穿过。

5

B

A

第4个环

下面做出了第4个环。沿着刚才穿过的绳子再穿一周。

6

A

B

最后，按箭头所示的那样从前往后穿。

7

B

A

按顺序拉紧，不留空隙，整理一下。

8

从背面用手指按中央，把四个环往下，维持圆形。

9

A

留一点A的绳端，一点点地拉紧。注意不要一次拉得太紧。

10

剪掉

剪掉

B　　　A

用手指头揉成球状，把绳端一点不剩地剪掉。剪掉的部分用黏合剂固定。

11

中心

整理一下形状，完成。

122 长带子　P74

[材料]

a 麻线（细）　蓝色（325）、蓝绿色（330）、浅蓝色（346）各180cm 2根

b 麻线（细）　暗黄绿色（323）、绿色（331）、浅绿色（336）各180cm 2根

c 麻线（细）　黄色（327）、橙色（328）、品红色（335）各180cm 2根

a、b、c通用　原色圆形木质串珠　直径8mm（W592）2颗，手机挂件（G1016）1个

[尺寸]

圆周 最长90cm

③扭结的编结方法

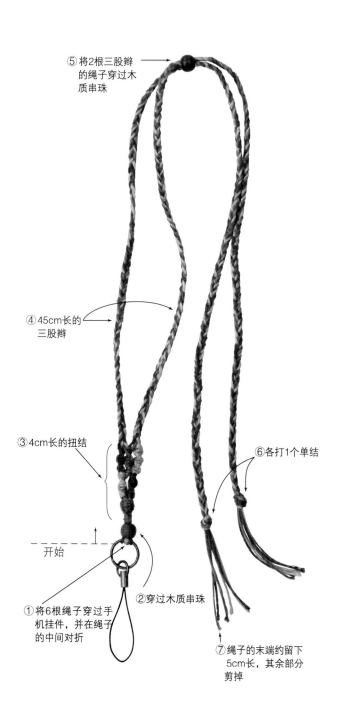

⑤ 将2根三股辫
的绳子穿过木
质串珠

④45cm长的
三股辫

③4cm长的扭结

⑥各打1个单结

开始

①将6根绳子穿过手
机挂件，并在绳子
的中间对折

②穿过木质串珠

⑦绳子的末端约留下
5cm长，其余部分
剪掉

芯绳

1. 用2根绳子（★）编
10个左上扭结。

芯绳　　芯绳

2. 将每种颜色的绳子在左右两
侧各分配2根，用左侧的绳
子（▲）和右侧的绳子（△）
各编10个左上扭结。

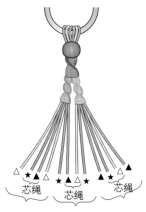

芯绳　　芯绳　　芯绳

3. 如图所示，将各种颜色
的绳子分3等份，用标
有同样记号的绳子（靠
外侧2根同色的）各编
10个左上扭结。

2根绳编三股辫

4. 每种颜色各取2根绳子
分别放在左右两侧，
用临近且颜色不同的
绳子两两组合，编三
股辫2根。

配色方法

	★	▲	△
a	蓝绿色	蓝色	浅蓝色
b	绿色	暗黄绿色	浅绿色
c	橙色	品红色	黄色

123 相机绳 P75

[材料]

麻线（中粗） 白色（321）400cm 1根、150cm 1根

浅褐色（322）400cm 1根、150cm 1根

浅绿色（336）400cm 1根、120cm 1根、60cm 1根

废弃回收丝绸纱线 400cm 1根、120cm 1根

黄色枣形珠8mm×10mm （MA 2206）5颗

红色木质环 直径30mm （MA 2231）1个

钥匙环（S 1009）2个

[尺寸]

长97cm（包括钥匙环）

＊安装相机时需要专用配件。

[使用P75上的可调节的尼龙绳（宽10mm）（米娜）]

①开始的方法和开始编结

芯绳

1. 将绳子对折，按照箭头所示穿过去。

2. 从左侧起按照浅褐色、浅绿色、废弃回收丝绸纱线、白色绳子的顺序依次将其穿过去。

3. 用浅褐色和白色的绳子各2根编平结。

③编织并列平结时绳子的摆放方法

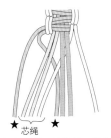

★ 芯绳 ★

☆ 芯绳 ☆

1. 如图所示的位置，将绳子摆放好，以2根浅绿色的绳子和1根白色的绳子为芯绳，用标有★的2根绳子编1个左上平结。

2. 以2根废弃回收丝绸纱线和1根浅褐色绳子为芯绳，用标有☆的2根绳子编1个右上平结。

★ 芯绳 ★

3. 这样就编好了1个并列平结。然后再按照步骤1、2重复编结。

⑤斜卷结的开始处

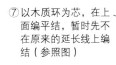

芯绳

⑤符号图

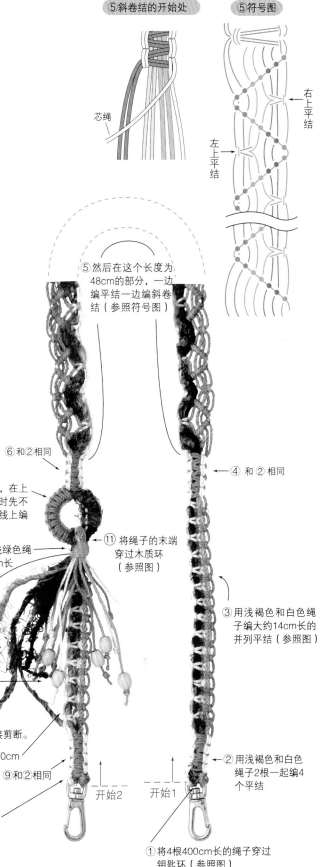

右上平结

左上平结

⑤然后在这个长度为48cm的部分，一边编平结一边编斜卷结（参照符号图）

⑥ 和②相同

④ 和②相同

⑦以木质环为芯，在上面编平结，暂时先不在原来的延长线上编结（参照图）

⑪将绳子的末端穿过木质环（参照图）

⑫用60cm长的浅绿色绳子编一个约1cm长的聚合结

5～12cm

③用浅褐色和白色绳子编大约14cm长的并列平结（参照图）

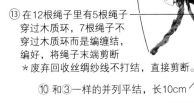

⑬在12根绳子里有5根绳子穿过木质环，7根绳子不穿过木质环而是编缠结，编好，将绳子末端剪断
＊废弃回收丝绸纱线不打结，直接剪断。

⑩ 和③一样的并列平结，长10cm

⑨和②相同

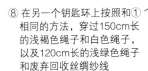

②用浅褐色和白色绳子2根一起编4个平结

⑧ 在另一个钥匙环上按照和①相同的方法，穿过150cm长的浅褐色绳子和白色绳子，以及120cm长的浅绿色绳子和废弃回收丝绸纱线

开始2

开始1

①将4根400cm长的绳子穿过钥匙环（参照图）

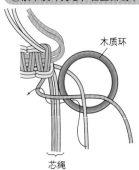

⑦以木质环为芯，在上面编平结的方法

木质环

芯绳

1. 用浅褐色和浅绿色的绳子，按照图中所示的方法，将绳子穿入环中编结。

2. 将其拉紧，然后再按照图中所示方向将绳子绕过去。

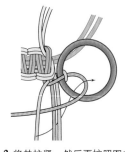

3. 这样1个平结就编好了。之后按照上述方法，再编10个这样的平结。废弃回收丝绸纱线和白色绳子也照此进行编结。

4. 从两侧将平结收尾后的示意图。

⑪、⑫将绳子穿过木质环后聚合

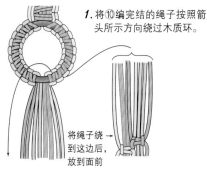

1. 将⑩编完结的绳子按照箭头所示方向绕过木质环。

将绳子绕到这边后，放到面前

2. 用⑩绳子和并列平结将编木质环的绳子包裹起来，用60cm长的浅绿色绳子编聚合结。

130 雀头结狗狗项圈　**P79**

[材料]

a 麻线（中粗）浅绿色（336）280cm 1根、浅蓝色（346）280cm 1根
　蓝色系木质串珠8mm（W598）、绿色系木质串珠（W599）共20颗
b 麻线（中粗）彩色画笔虹段染（379）280cm 1根、260cm 1根
　黄色系木质串珠8mm（W596）、绿色系木质串珠（W599）共20颗
a、b通用　红色木质串珠15mm×4mm（W652）1颗

[尺寸]

长27cm

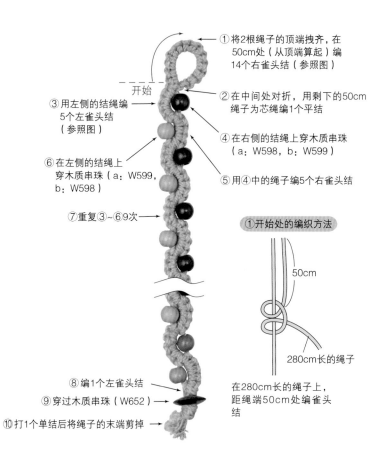

① 将2根绳子的顶端捊齐，在50cm处（从顶端算起）编14个右雀头结（参照图）

开始

③ 用左侧的结绳编5个左雀头结（参照图）

② 在中间处对折，用剩下的50cm绳子为芯绳编1个平结

④ 在右侧的结绳上穿木质串珠（a：W598，b：W599）

⑥ 在左侧的结绳上穿木质串珠（a：W599，b：W598）

⑤ 用④中的绳子编5个右雀头结

⑦ 重复③~⑥9次

①开始处的编织方法

50cm

⑧ 编1个左雀头结

⑨ 穿过木质串珠（W652）

⑩ 打1个单结后将绳子的末端剪掉

280cm长的绳子

在280cm长的绳子上，距绳端50cm处编雀头结

步骤③~⑥雀头结的编结方法

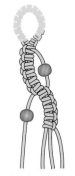

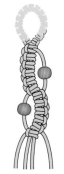

平结

1. 用左侧的结绳编5个左雀头结。

2. 在右侧的结绳上穿蓝色系木质串珠后，编1个右雀头结。此时，用力拉紧绳子，使结处更结实。

3. 然后在左侧结绳上穿绿色系木质串珠后，再用这根绳子编4个右雀头结。

4. 上图为编完1个左雀头结后的示意图。此后，反复编织两侧的左、右雀头结。

141 水晶石项链   P82

[材料]

a 麻线（细） 原色（361） 180cm 2根、160cm 1根，浅蓝色（346）
190cm 1根

紫色水晶石（AC 306）1颗，紫色水晶石8mm（AC 396）、 紫色水晶石
6mm（AC 386）各2颗

b 麻线（细） 原色（361） 180cm 2根、160cm 1根，白色（321）
190cm 1根，圆形蔷薇石（AC 304）1颗，直径8mm蔷薇石（AC 294）、
直径 6mm蔷薇石（AC 284）各2颗

a、b通用 原色圆形木质串珠 直径8mm（W592）、6mm（W582） 各
2颗

[尺寸]

圆周 最长70cm

③死结的编结方法

用图中缠卷的绳子编织
1个死结，然后拉紧

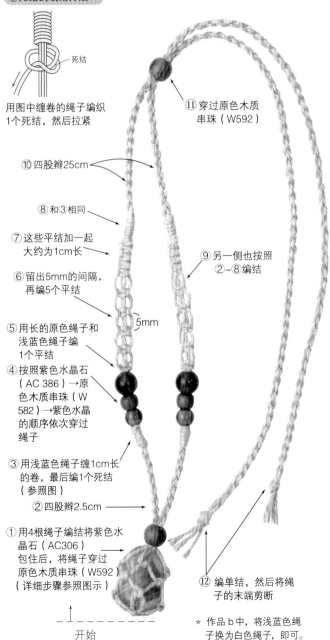

⑪穿过原色木质
串珠（W592）

⑩四股辫25cm

⑧和③相同

⑦这些平结加一起
大约为1cm长

⑥留出5mm的间隔，
再编5个平结

⑤用长的原色绳子和
浅蓝色绳子编
1个平结

④按照紫色水晶石
（ AC 386）→原
色木质串珠（W
582）→紫色水晶
的顺序依次穿过
绳子

③用浅蓝色绳子缠1cm长
的卷，最后编1个死结
（参照图）

②四股辫2.5cm

①用4根绳子编结将紫色水
晶石（AC306）
包住后，将绳子穿过
原色木质串珠（W592）
（详细步骤参照图示）

开始

⑨另一侧也按照
②～⑧编结

⑫编单结，然后将绳
子的末端剪断

＊ 作品 b 中，将浅蓝绳
子换为白色绳子，即可。

〈包裹紫色水晶石的步骤〉

1

←绳子的中央

将各根绳子在各自的中央处并到
一起，按照从左至右的顺序分别
为浅蓝色绳子、180cm的原色
绳子2根、160cm的原色绳子。

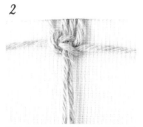

2

用外侧的2根绳子在内侧的2根
绳子上编平结。

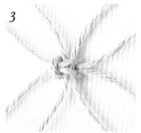

3

将固定用的胶带取掉，如图所
示，朝着四个倾斜的方向将绳
子重新摆放好。

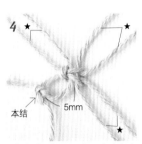

4

本结   5mm

用相邻的2根绳子在距离中心大
约5cm处编本结。剩下的3处★
也照此编本结。

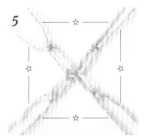

5

图中所示即为4个编好结的部
位。然后，改变组合方法，用☆
相邻的2根绳子编本结。

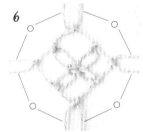

6

图中所示即为4个编好结的部
位。然后，再次变换绳子的组合
方法，用○相邻的2根绳子编本
结。

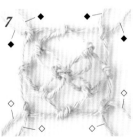

7

图中所示即为4个已经编完结的
部位。将紫色水晶石从下方放入
其中，包进去。

8

将绳子穿过原色木质串珠（W592），
按照同样的颜色分配方案将绳子
分为两组，两侧各4根，继续按
四股辫编结。

将木质串珠上下
移动，就可以自
由地更换顶端的
水晶石了

142 水晶石手链 P82

[材料]

麻线（细）原色（361）120cm 2根、100cm 1根，浅蓝色（346）
120cm 1根，8mm紫色水晶石（AC396）1颗，6mm紫色水晶石
（AC386）2颗，透明压克力水晶石（AC401）12颗，白色木质串珠
15mm×4mm（W652）1颗

[尺寸]

长18cm

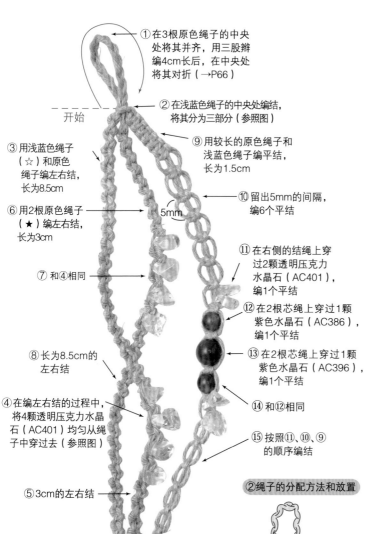

①在3根原色绳子的中央
处将其并齐，用三股辫
编4cm长后，在中央处
将其对折（→P66）

②在浅蓝色绳子的中央处编结，
将其分为三部分（参照图）

开始

③用浅蓝色绳子
（☆）和原色
绳子编左右结，
长为8.5cm

⑨用较长的原色绳子和
浅蓝色绳子编平结，
长为1.5cm

⑥用2根原色绳子
（★）编左右结，
长为3cm

⑩留出5mm的间隔，
编6个平结

5mm

⑦和④相同

⑪在右侧的结绳上穿
过2颗透明压克力
水晶石（AC401），
编1个平结

⑫在2根芯绳上穿过1颗
紫色水晶石（AC386），
编1个平结

⑧长为8.5cm的
左右结

⑬在2根芯绳上穿过1颗
紫色水晶石（AC396），
编1个平结

④在编左右结的过程中，
将4颗透明压克力水晶
石（AC401）均匀从绳
子中穿过去（参照图）

⑭和⑫相同

⑤3cm的左右结

⑮按照⑪、⑩、⑨
的顺序编结

⑯将所有绳子穿
过木质串珠

⑰打一个单结后，
将绳子剪短

②绳子的分配方法和放置

用浅蓝色
绳子打结

芯绳

☆ ★

用☆和★分别编左右结，
右侧的4根将2根短的原
色绳子作为芯绳，用剩余
的2根绳子编平结。

124 钥匙链 P76

[材料]

a 麻线（中粗）原色（361）60cm 2根，藏蓝色（348）
　　60cm 1根
　　8mm方钠石（AC 296）1颗
b 麻线（中粗）原色（361）60cm 2根，深红色（334）
　　60cm 1根　8mm红玉髓（AC 292）1颗
a、b通用　钥匙环（S 1009）1个

[尺寸]

长11.5cm

①在钥匙环上穿过3根
绳子，摆放好其位置
（参照图）

开始

②编卷结（参照符号图）

③将绳端聚合，编单结

④将绳端留2.5cm长，
剪掉其余部分，解开
绳子的捻

①开始的方法

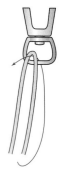

1. 将绳子从中央处对
折，按照箭头所示
方向穿过钥匙环。

2. 将绳子全部穿过去
后的示意图。
＊如果是b的话，将中
央处的绳子换为深
红色。

②符号图

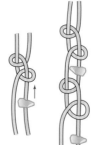

方钠石（穿过中
央的2根绳子）

④在编左右结的过程中穿入
透明压克力水晶石的方法

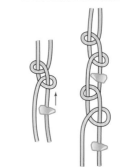

将透明压克力水晶石穿过
右侧的绳子后编1个左右
结，如此反复4次。

98

136 双色戒指1 P81

[材料]

麻线（细）槐树色（342）、蓝色（325）各55cm 1根

芥末色玻璃串珠（973）1颗

[尺寸]

周长5.5cm

138 双色戒指2 P81

[材料]

麻线（细）原色（361）、深红色（334）各55cm 1根

苔绿色玻璃串珠（977）2颗

6mm红色木质串珠（W582）1颗

[尺寸]

周长5.5cm

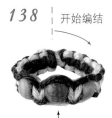

136 ｜ 开始编结

将芥末色玻璃串珠穿过蓝色绳子，与槐树色绳子编1个死结。编平结（参照步骤图）。

138 ｜ 开始编结

按照（977）→（W582）→（977）的顺序将串珠依次穿过槐树色绳子，和原色绳子编1个死结（参照图）。编平结（参照步骤图）。

开始的方法（只适用于*138*）

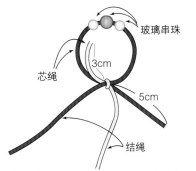

将串珠穿过深红色绳子后，用深红色绳子和原色绳子打死结。

串珠的夹法（只适用于*138*）

1. 将玻璃串珠（977）拉高，用结绳编1个平结。

2. 同理，将剩余的串珠拉进结绳里，分别编1个平结。

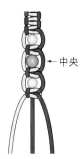

3. 一边将3颗串珠拉进结绳，一边编结。

〈戒指的制作顺序〉 ＊为了更清晰明了，图中使用的是粗款麻线。

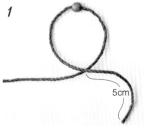

1

将蓝色绳子穿过串珠，将绳子交叉，使其形成一个圆形。

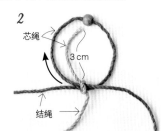

2

在绳子的交叉部位用槐树色绳子打死结，如箭头所示方向编平结。

3

编了1.5cm长的时候。

4

将槐树色的芯绳拉到外侧，将1根蓝色绳子作为芯绳，继续编平结。

5

大约编了一半的时候（最好戴到手指上确认大小）。

6

用结绳夹住之前穿过去的木质串珠继续编平结。

7

编了3个平结后，拉动最初剩下的5cm蓝色绳子的一端，将环缩小到最终成型的尺寸。

8

将环缩小后的示意图。

99

137 花朵戒指1　P81

[材料]

麻线（细）黄芩色（341）100cm 1根
茜草色（343）25cm 1根
卡伦银（AC 776）8个
6mm绿松石（AC 285）1颗

[尺寸]

周长5.5cm

137

开始编结

②在穿卡伦银的同时，编
平结（参照步骤图）

③在黄芩色绳子的中
央处将其结牢，编
平结（参照图）

①在茜草色绳子的
中央处穿过1颗绿
松石和6颗卡伦银
（参照图）

139

开始编结

②将浅蓝色绳子的中央处
结牢（参照图），编平
结（参照步骤示意图）

①在浅绿色绳子的中央处穿过
1颗蔷薇石（AC 284）和6
颗透明色水晶石（AC 401）

139 花朵戒指2　P81

[材料]

麻线（细）浅蓝色（346）100cm 1根
浅绿色（336）25cm 1根
透明色水晶石（AC 401）6颗
6mm蔷薇石（AC 284）1颗

[尺寸]

周长5.5cm

①串珠的穿法

（**137**、**139**相同）

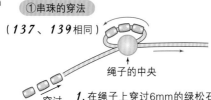

绳子的中央

穿过

1. 在绳子上穿过6mm的绿松石
和3颗卡伦银，如箭头所示再
次将绳子的另一端穿过绿松
石。在绳子的一端，穿上3颗
卡伦银。

2. 如箭头所示再次将绳子穿过绿松
石。

*139的戒指将卡伦银换成了透明
色水晶石（AC 401）。

②开始编结　（**137**、**139**相同）

用穿了串珠的绳子
两端交叉，形成一
个环，在交点处用
另一根绳子的中央
处将其结牢。用刚
刚用来结牢的绳子
编平结。

芯绳

5cm

结绳

③在穿卡伦银串珠的过程中打结的方法　（只适用于**137**）

卡伦银

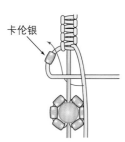 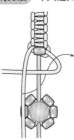 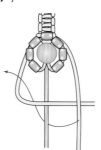 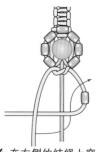 

1. 在左侧的结绳上穿卡
伦银，编半个平结。

2. 继续编平结。

3. 拉动芯绳，将绿松石
部分拉至和戒指顶端
重合，编半个平结。

4. 在右侧的结绳上穿
卡伦银，编完剩余
的半个平结。

5. 结编好后的示意图。

9　←拉动的绳子

将在步骤7中拉动的蓝色绳子的一
端也放入芯绳中，编平结直到最
后。

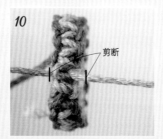

10　剪断

编好结后，最后在外侧编本结。将
绳端剪断，用黏合剂固定在打结
处。

11

也将其他绳子的绳端分别在适当
的位置剪断。

*136~139的戒指，
绳子的颜色以及顶端
的装饰都各不相同，
但它们均采用上述制
作方法。

100

135 卷结戒指　P81

[材料]

麻线（细）槐树色（342）60cm 1根、50cm 2根，黄芩色（341）50cm 2根，浅蓝色（346）50cm 2根，橘色玻璃串珠（974）1颗

[尺寸]

周长 5.5cm

② 将绳端放在一起，用60cm长的槐树色绳子编平结，调整戒指的尺寸后，将绳端剩余部分剪掉（参照图）

开始

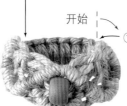

① 用6根50cm长的绳子编卷结（参照图和符号图）

① 开始的方法

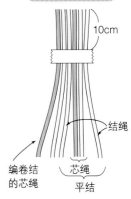

10cm

编卷结的芯绳

结绳

芯绳

平结

将绳端聚集到一起，如上图所示将其摆放好，留出10cm长，用胶带将其固定住。开始编结时，用右侧的4根绳子编右上平结。

② 聚合的方法

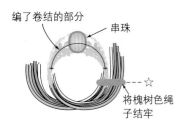

编了卷结的部分

串珠

将槐树色绳子结牢 ☆

1. 如图所示，将两侧的绳子相互交叉聚合。将槐树色绳子结牢，将所有的绳端都作为芯绳，编7个平结。

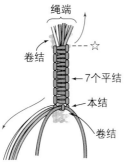

绳端

卷结

7个平结

本结

卷结

2. 编完平结后，在外侧编本结。将两侧的绳端如箭头所示逐根轻轻拉动，以此来改变戒指的大小。

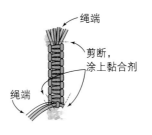

绳端

剪断，涂上黏合剂

绳端

3. 将两侧芯绳的绳端（有一部分在里侧）、本结的绳端都剪掉，用黏合剂将长度适当的绳端固定。

① 符号图

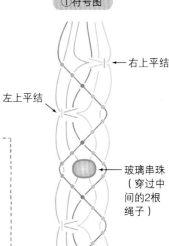

右上平结

左上平结

玻璃串珠（穿过中间的2根绳子）

145 梦想接球手　P84

[材料]

麻线（细）原色（361）150cm 1根、20cm 2根

麻线（中粗）原色（361）100cm 1根

6mm红色木质串珠（W582）2颗、8mm红色木质串珠（W592）1颗

8mm绿松石（AC 295）1颗

羽毛（AC 1289）2片

木环外径50mm（MA 2175）1个

[尺寸]

长23cm

② 绳子的悬挂方法

绳子的中央

☆

1. 木环上下颠倒过来，将绳子在中央处对折，从☆后面穿到前面。

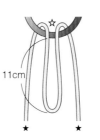

11cm

★　★

2. 在距离绳子中央处约11cm处将其折弯，作为芯绳，用★编平结。

④ 编好后，再编本结，然后将绳端剪断，用黏合剂固定

③ 在芯绳上穿绿松石，然后编5个平结

② 将中粗绳子挂在木环上（参照图），编2个平结

开始

① 用细150cm长的绳子在木环上编结，并且将木质串珠（W592）穿进去（参照P102步骤图）

⑤ 用20cm长的绳子将羽毛拴住，并在绳子上面穿上木质串珠（W582）

⑤ 将羽毛拴到木环上

涂黏合剂

1. 用绳子在羽毛上编死结固定，在编结处用黏合剂粘牢，将绳子的两端穿过木质串珠。

剪断

2. 将绳子较短的一端留适当的长度。

编死结

3. 用绳子较长的一端在木环上编死结，剪断绳端，在编结处涂黏合剂，使其固定，确保不会松开。

〈在木环上编麻线〉
＊为了使读者看着更清晰明了，图中使用的是较大尺寸的木环和较粗的麻线。

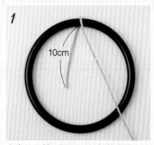

1

在木环上挂1根150cm长的麻线，编本结。

2

打好本结后的图。

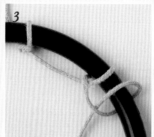

3

以木环为芯，编左雀头结将绳子连在木环上。

4

将木环分为10等份，按照钟表表针的位置依次编9个左雀头结。

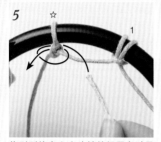

5

将刚刚编完左雀头结的绳子穿过最初本结的编结处，如箭头所示绕2个卷。

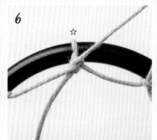

6

绕好卷后的图。

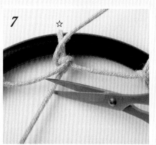

7

在起始绳子的一端预留10cm后剪断。

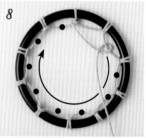

8

在每2个左雀头结之间的绳子上用左环的编结方法将其连成网状。按顺序依次用结绳将●绳连到一起。

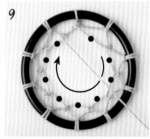

9

一圈都连好后的图。同步骤8，用结绳将●绳连到一起。

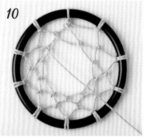

10

上图为连完第2圈后的图。此后，都照上述方法，一层一层地编，一直编到中间只剩下放木质串珠的空间。

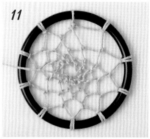

11

编好后的图。

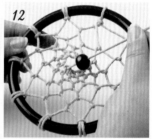

12

将木质串珠（W592）穿到绳端上。

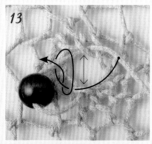

13

将穿木质串珠的绳端穿过和它在一条对角线上的绳子，打一个死结。

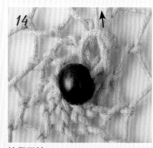

14

拉紧死结。

15

再次将串珠穿过绳端。

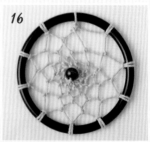

16

当绳端藏在了串珠里后，剪断绳端，梦想接球手就编好了。

要点 将麻绳编结在木环上时，将绳子绷直一边拉一边编，就可以编得非常整洁美观了。

128 钱包挂绳 **P77**

[材料]

麻线（中粗）浅褐色（322）、深褐色（324）各330cm 1根

黑色（326）、红色（329）各310cm 2根

12mm红色木质串珠（MA2202）1颗

钥匙环（S1010）2个

[尺寸]

长58cm

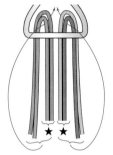

①、②开始的方法及平结的编结方法

1. 将深褐色和红色（左侧）绳子、浅褐色和黑色（右侧）绳子分开，从绳端起在每根绳子的80cm处将其对折，穿过钥匙环（★=将80cm长的绳子的绳端置于内侧）。

芯绳

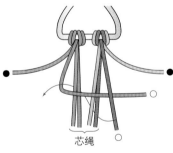

2. 以4根80cm长的绳子为芯绳，先用红色和黑色（○）绳子编2个平结。此时，将深褐色和浅褐色绳子（●）放在一边备用。

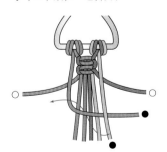

3. 将刚才备用的●绳子叠放到○绳子的上方，编2个平结。将此图中标有○的绳子放在一边备用。

4. 此图即为按照步骤2和3的方法各编2个平结后的图。将结绳放置在上一步中备用的绳子下方，按照步骤2和3重复，编50cm长的结。

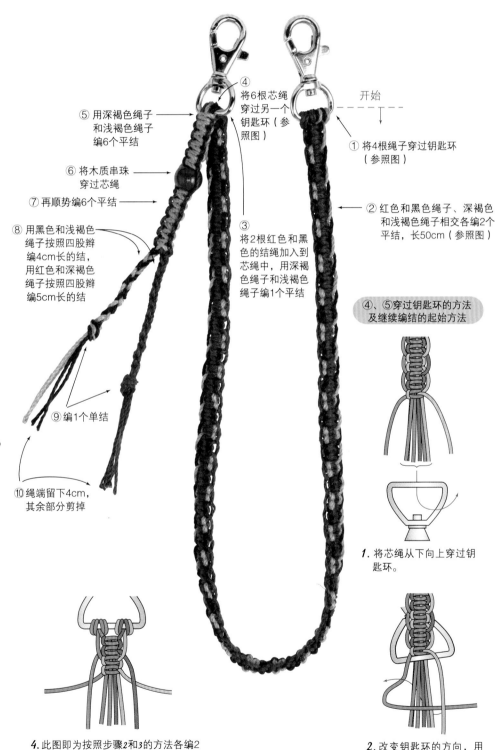

⑤ 用深褐色绳子和浅褐色绳子编6个平结

⑥ 将木质串珠穿过芯绳

⑦ 再顺势编6个平结

⑧ 用黑色和浅褐色绳子按照四股辫编4cm长的结，用红色和深褐色绳子按照四股辫编5cm长的结

④ 将6根芯绳穿过另一个钥匙环（参照图）

③ 将2根红色和黑色的结绳加入到芯绳中，用深褐色绳子和浅褐色绳子编1个平结

⑨ 编1个单结

⑩ 绳端留下4cm，其余部分剪掉

开始

① 将4根绳子穿过钥匙环（参照图）

② 红色和黑色绳子、深褐色和浅褐色绳子相交各编2个平结，长50cm（参照图）

④、⑤穿过钥匙环的方法及继续编结的起始方法

1. 将芯绳从下向上穿过钥匙环。

2. 改变钥匙环的方向，用上一步留作备用的两侧的深褐色和浅褐色绳子编平结。

125　防熊铃铛小饰品　　P76

[材料]

废弃回收丝绸纱线 500cm 1根、100cm 1根

麻线（中粗）深褐色（324）120cm 1根、50cm 2根，

白色（321）120cm 1根

5mm黄色系木质串珠（W576）17颗

牛铃（MA2311）1个

手机挂件（G1016）1个

[尺寸]

长17cm

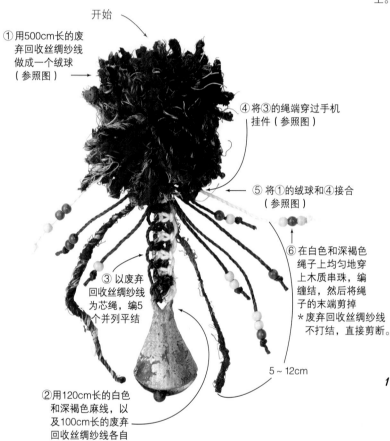

开始

① 用500cm长的废弃回收丝绸纱线做成一个绒球（参照图）

④ 将③的绳端穿过手机挂件（参照图）

⑤ 将①的绒球和④接合（参照图）

⑥ 在白色和深褐色绳子上均匀地穿上木质串珠，编缠结，然后将绳子的末端剪掉
＊废弃回收丝绸纱线不打结，直接剪断。

③ 以废弃回收丝绸纱线为芯绳，编5个并列平结

5～12cm

② 用120cm长的白色和深褐色麻线，以及100cm长的废弃回收丝绸纱线各自在中央对折，穿过牛铃（参照图）

①绒球的制作方法

废弃回收丝绸纱线

8cm

厚纸

1. 将废弃回收丝绸纱线一圈一圈地卷在8cm宽的厚纸上。

剪断

编本结，捆紧

2. 用1根长为50cm的深褐色麻线打本结，将丝绸纱线捆紧（编死结亦可），使两侧成环形，然后将其剪断。

3. 修整其形状。刚才用来打本结的绳子原地放即可。

②、③穿绳子的方法及编结的起始方法

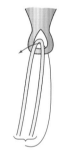 

★ 芯绳 ★

1. 在绳子的中央对折，按照从左至右的顺序依次将白色麻线、废弃回收丝绸纱线、深褐色麻线穿过去。

2. 上图即为全部穿过去后的图。编并列平结，如图所示将绳子摆放好，以图示的2根绳子为芯绳，用标有★的2根绳子开始编结。

④、⑤的聚合方法

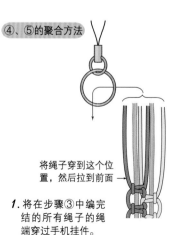

将绳子穿到这个位置，然后拉到前面

1. 将在步骤③中编完结的所有绳子的绳端穿过手机挂件。

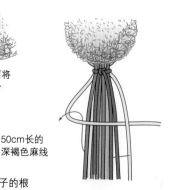

从侧面将其聚合

50cm长的深褐色麻线

2. 将用来扎紧绒球的深褐色绳子的根部与其他绳子并齐，再将所有绳端以及并列平结聚到一起，用50cm长的深褐色绳子编本结。

拉紧

3. 用刚才捆成一束的绳子中的白色麻线编3个平结。

4. 编完结后，用白色麻线最后再编1个本结。将其拉紧防止之后松动。

134 长项链 P80

[材料]

麻线（中粗）原色（361）210cm 4根、100cm 1根

麻线（细）浅绿色（336）200cm 2根，艾蒿色（345）

140cm 2根、60cm 2根

卡伦银（AC776）2颗

暗黄绿色玻璃串珠（977）2颗

绿色玻璃坠（AC 675）1颗

绿色玻璃环（AC 655）1个

[尺寸]

周长 最长90cm

① 开始方法

将其固定
中央
第1根芯绳
绳子的中央

1. 将5根原色绳子从它们每根绳子的中央处聚拢到一起。

2. 在绳子的中央处轻轻打1个单结，用大头针将其固定，防止其松动，先以最左侧的绳子为芯绳，编斜卷结。

② 符号图

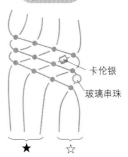
卡伦银
玻璃串珠
★ ☆

将卡伦银穿在第1行结编好后右侧的第2根绳子上，玻璃串珠穿在第3行编结时的最右侧的绳子上，然后再继续编完第3行。

★：编平结

☆：和浅绿色绳子一起编扭结

⑪ 另一侧的开始方法

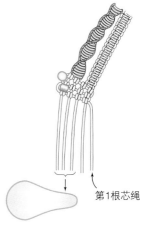
第1根芯绳

将①中编的单结解开，将玻璃坠穿过左侧的3根绳子。然后以最右侧的第1根绳子为芯绳，编斜卷结。编结方法、串珠的穿法和②符号图左右对称。

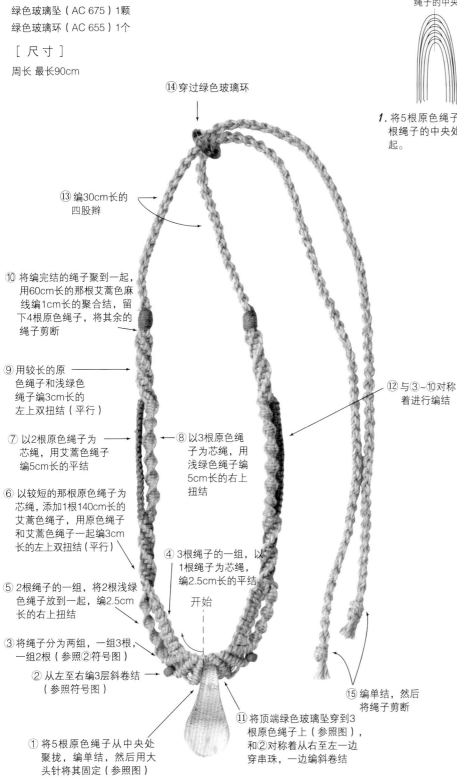

⑭ 穿过绿色玻璃环

⑬ 编30cm长的四股辫

⑩ 将编完结的绳子聚到一起，用60cm长的那根艾蒿色麻线编1cm长的聚合结，留下4根原色绳子，将其余的绳子剪断

⑨ 用较长的原色绳子和浅绿色绳子编3cm长的左上双扭结（平行）

⑦ 以2根原色绳子为芯绳，用艾蒿色绳子编5cm长的平结

⑥ 以较短的那根原色绳子为芯绳，添加1根140cm长的艾蒿色绳子，用原色绳子和艾蒿色绳子一起编3cm长的左上双扭结（平行）

⑤ 2根绳子的一组，将2根浅绿色绳子放到一起，编2.5cm长的右上扭结

③ 将绳子分为两组，一组3根，一组2根（参照②符号图）

② 从左至右编3层斜卷结（参照符号图）

① 将5根原色绳子从中央处聚拢，编单结，然后用大头针将其固定（参照图）

⑧ 以3根原色绳子为芯绳，用浅绿色绳子编5cm长的右上扭结

④ 3根绳子的一组，以1根绳子为芯绳，编2.5cm长的平结

开始

⑪ 将顶端绿色玻璃坠穿到3根原色绳子上（参照图），和②对称着从右至左一边穿串珠，一边编斜卷结

⑫ 与③~⑩对称着进行编结

⑮ 编单结，然后将绳子剪断

144 双圈手链　P83

[材料]

麻线（细）蓝绿色（330）130cm 1根、100cm 1根、50cm 1根，

浅蓝色（346）130cm 3根、100cm 2根、50cm 1根

6mm枣红色木质串珠（W582）5颗

8mm枣红色木质串珠（W592）3颗

陶瓷吊坠（AC1288）1颗

[尺寸]

周长 最长24cm

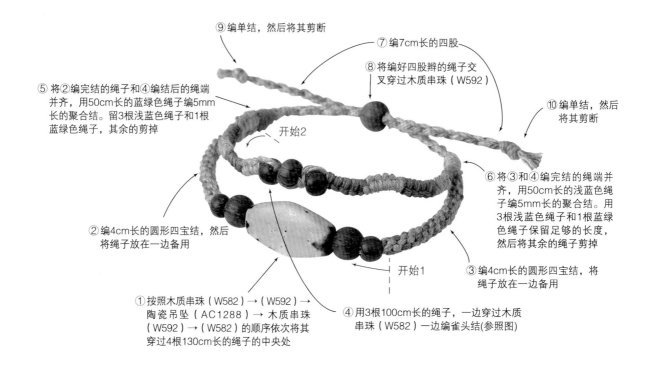

⑨编单结，然后将其剪断

⑦编7cm长的四股

⑧将编好四股辫的绳子交叉穿过木质串珠（W592）

⑤将②编完结的绳子和④结后的绳端并齐，用50cm长的蓝绿色绳子编5mm长的聚合结。留3根浅蓝色绳子和1根蓝绿色绳子，其余的剪掉

⑩编单结，然后将其剪断

开始2

⑥将③和④编完结的绳端并齐，用50cm长的浅蓝色绳子编5mm长的聚合结。用3根浅蓝色绳子和1根蓝绿色绳子保留足够的长度，然后将其余的绳子剪掉

②编4cm长的圆形四宝结，然后将绳子放在一边备用

③编4cm长的圆形四宝结，将绳子放在一边备用

开始1

①按照木质串珠（W582）→（W592）→陶瓷吊坠（AC1288）→ 木质串珠（W592）→（W582）的顺序依次将其穿过4根130cm长的绳子的中央处

④用3根100cm长的绳子，一边穿过木质串珠（W582）一边编雀头结(参照图)

④雀头结的编织方法

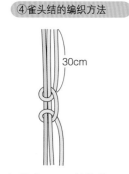

30cm

←5个右雀头结

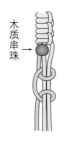

木质串珠

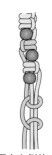

1. 留出30cm长的绳端，以2根绳子为芯绳，用浅蓝色绳子编5个右雀头结。

2. 将结绳换为蓝绿色绳子，然后编5个左雀头结。同理，再按照右、左、右的次序各编5个雀头结。

3. 将1颗木质串珠穿过左侧的2根绳子，用蓝绿色绳子编一个左雀头结。

4. 将另1颗木质串珠穿过右侧的2根绳子，用浅蓝色绳子编一个右雀头结。

5. 再在左侧的2根绳子上再穿1颗串珠后，从蓝绿色绳子起按照左、右、左、右、左的顺序用每根绳子各编5个雀头结。

147 眼镜挂绳 P86

［材料］

麻线（中粗）浅褐色（322） 190cm 4根、160cm 4根

麻线（细） 民族风段染（372） 260cm 2根、30cm 2根，

茜草色（343） 260cm 2根、30cm 3根

贝壳（AC 1283） 2颗

圆环木珠15mm×4mm（W652） 1颗

直径30mm木环（MA2231） 1个

［尺寸］

周长 最长90cm

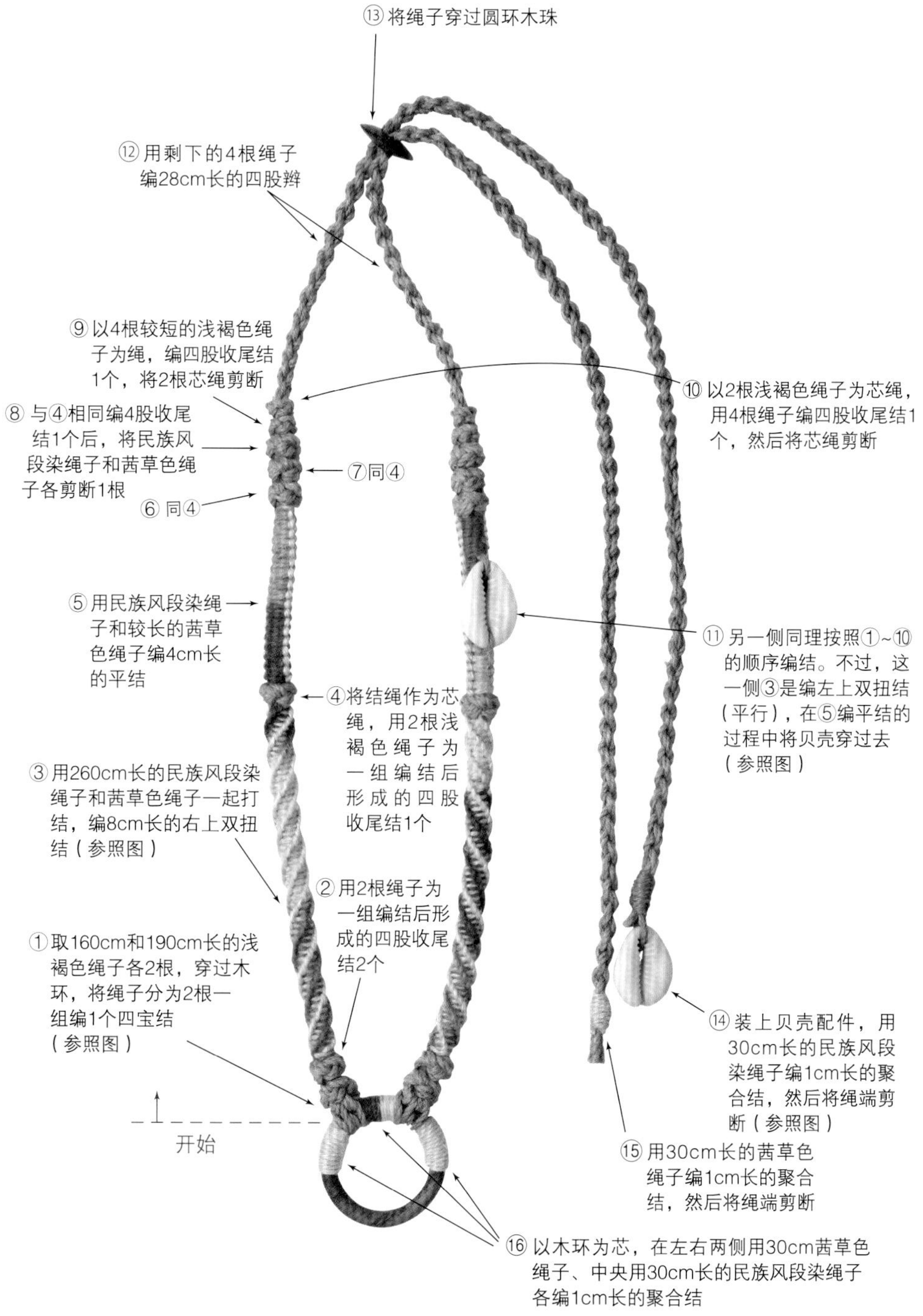

⑬将绳子穿过圆环木珠
⑫用剩下的4根绳子编28cm长的四股辫
⑨以4根较短的浅褐色绳子为绳，编四股收尾结1个，将2根芯绳剪断
⑩以2根浅褐色绳子为芯绳，用4根绳子编四股收尾结1个，然后将芯绳剪断
⑧与④相同编4股收尾结1个后，将民族风段染绳子和茜草色绳子各剪断1根
⑦同④
⑥同④
⑤用民族风段染绳子和较长的茜草色绳子编4cm长的平结
⑪另一侧同理按照①~⑩的顺序编结。不过，这一侧③是编左上双扭结（平行），在⑤编平结的过程中将贝壳穿过去（参照图）
④将结绳作为芯绳，用2根浅褐色绳子为一组编结后形成的四股收尾结1个
③用260cm长的民族风段染绳子和茜草色绳子一起打结，编8cm长的右上双扭结（参照图）
②用2根绳子为一组编结后形成的四股收尾结2个
①取160cm和190cm长的浅褐色绳子各2根，穿过木环，将绳子分为2根一组编1个四宝结（参照图）
⑭装上贝壳配件，用30cm长的民族风段染绳子编1cm长的聚合结，然后将绳端剪断（参照图）
开始
⑮用30cm长的茜草色绳子编1cm长的聚合结，然后将绳端剪断
⑯以木环为芯，在左右两侧用30cm茜草色绳子、中央用30cm长的民族风段染绳子各编1cm长的聚合结

①开始方法

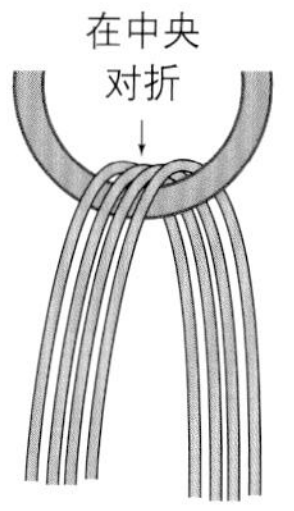

在中央
对折

1. 将4根浅褐色绳子从木环穿过去，并在绳子的中央将其对折。

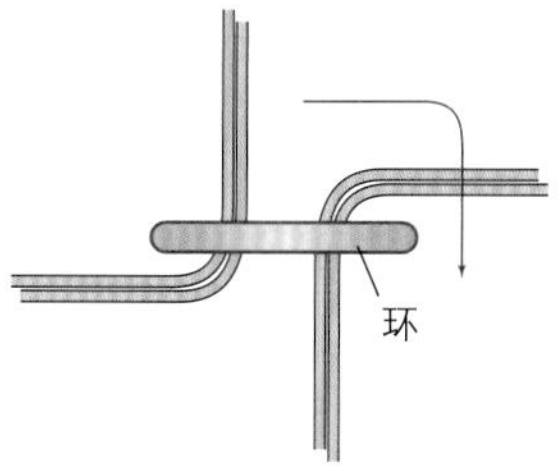

环

2. 将穿过去的绳子2根成一组，将其摆放成十字状。

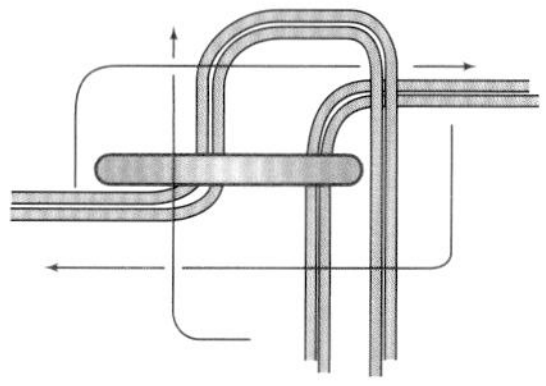

3. 编1个四宝结。

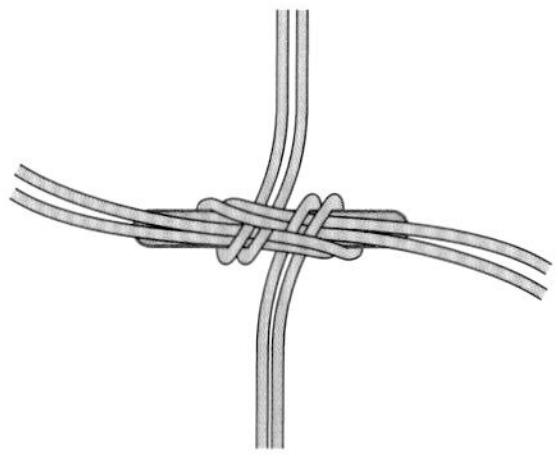

4. 将绳子拉紧，完成四宝结的编结。用2根一组的绳子编四股收尾结。

③绳子的编织方法

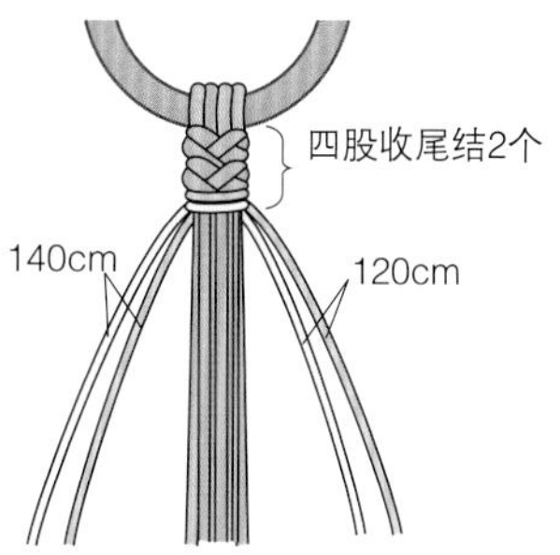

四股收尾结2个
140cm
120cm

将民族风段染绳子和茜草色绳子按照一侧140cm长，另一侧120cm长的位置摆放，然后编结

⑪ 贝壳的穿法

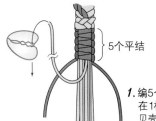

5个平结

1. 编5个平结后，在1根芯绳上将贝壳穿过去。

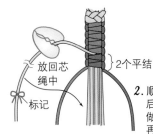

放回芯绳中

标记

2个平结

2. 顺势再编2个平结，然后在穿有贝壳的绳子上做标记，放回芯绳中，再编5个平结。

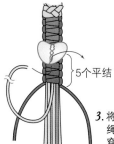

5个平结

3. 将刚才做了标记的绳子再从贝壳下面穿过来。

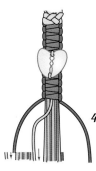

4. 重复步骤2，最后将穿过贝壳的绳子拉紧，防止其松动。

⑭ 绳端的聚拢方法

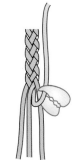

1. 将贝壳穿过1根绳子，然后将绳子折过去。

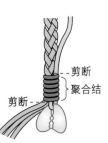

剪断
聚合结
剪断

2. 用民族风段染绳子编1cm长的聚合结，然后将所有的绳端在适当的位置剪断。

---

133 绿色短项链　**P80**

［材料］

麻线（细）艾蒿色（345）360cm 1根，浅绿色（336）300cm 1根，

原色（361）260cm 1根，暗黄绿色玻璃串珠（977）10颗

卡伦银（AC 776）4颗

红色圆环木珠10mm×4mm（W642）1颗

［尺寸］

长43cm

⑮ 编单结，然后将绳端剪断

开始

⑭ 穿过木质串珠

① 将3根绳子的绳端对齐，从绳端起在60cm长的位置开始编3cm长的三股辫，然后将其折弯（→P66）

② 用较长的1根艾蒿色绳子编8cm长的左环结

③ 用较长的1根浅绿色绳子编4cm长的左环结

⑬ 同理，按照⑪~②的顺序进行编结

④ 穿上玻璃串珠

⑥ 穿上玻璃串珠

⑤ 用较长的1根原色绳子编1cm长的左环结

⑧ 穿上玻璃串珠

⑦ 将卡伦银穿到原色绳子上，以4根绳子为芯绳，用较长的1根浅绿色绳子编1cm长的左环结（参照图）

⑨ 重复⑦、⑧

⑩ 用较长的1根原色绳子编2cm长的左环结

⑪ 穿上玻璃串珠

⑫ 在浅绿色绳子上将卡伦银（AC 778）穿入，以4根绳子为芯绳，用艾蒿色绳子编1cm长的环结（参照图）

⑦、⑫ 串珠的穿法

卡伦银

在6根绳子里，在1根绳子上将卡伦银穿入，以4根绳子为芯绳用1根绳子编环结。
编完后将6根绳子均穿过玻璃串珠。

1 小饰物 P4

[材料]

麻线（细）原色（361）100cm 1根、70cm 2根、50cm 6根、40cm 2根、20cm 1根

镀金白镴（AC1271）1组、（AC368）1个、（AC435）3个

小虎眼（AC403）10个

[尺寸]

长22cm

2、3 长项链 P5

[材料]

2 麻线（细）原色（361）200cm 2根、150cm 2根

天然石（AC309）1个

3 麻线（细）茜草色（343）200cm 2根、150cm 2根

天然石（AC306）1个

[尺寸]

从绳端到顶端长48cm（**2**、**3**）

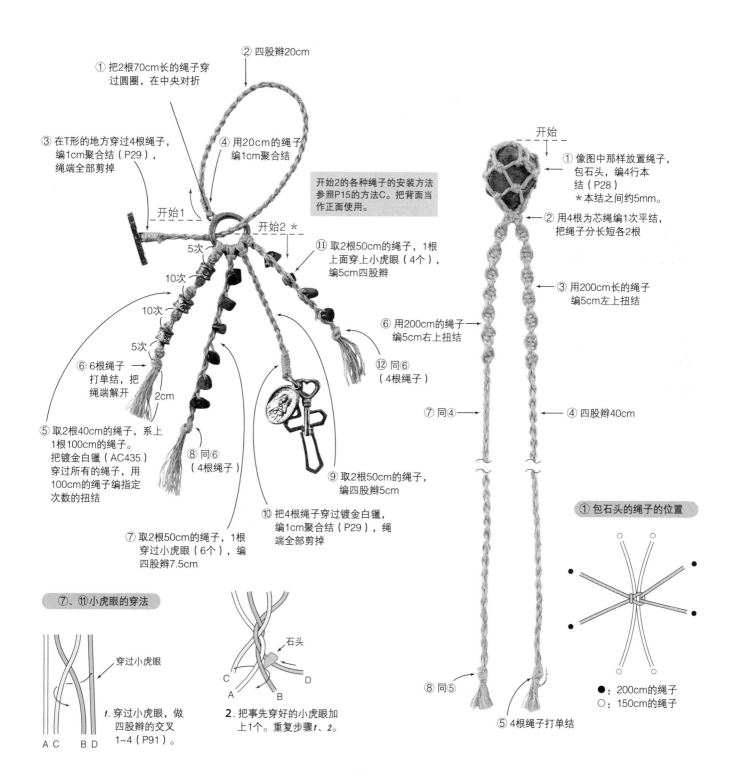

① 把2根70cm长的绳子穿过圆圈，在中央对折

② 四股辫20cm

③ 在T形的地方穿过4根绳子，编1cm聚合结（P29），绳端全部剪掉

④ 用20cm的绳子编1cm聚合结

开始1

开始2 ＊

开始2的各种绳子的安装方法参照P15的方法C。把背面当作正面使用。

5次

10次

10次

5次

⑥ 6根绳子打单结，把绳端解开

2cm

⑤ 取2根40cm的绳子，系上1根100cm的绳子。把镀金白镴（AC435）穿过所有的绳子，用100cm的绳子编指定次数的扭结。

⑦ 取2根50cm的绳子，1根穿过小虎眼（6个），编四股辫7.5cm

⑧ 同⑥（4根绳子）

⑪ 取2根50cm的绳子，1根上面穿上小虎眼（4个），编5cm四股辫

⑫ 同⑥（4根绳子）

⑨ 取2根50cm的绳子，编四股辫5cm

⑩ 把4根绳子穿过镀金白镴，编1cm聚合结（P29），绳端全部剪掉

开始

① 像图中那样放置绳子，包石头，编4行本结（P28）
＊本结之间约5mm。

② 用4根为芯绳编1次平结，把绳子分长短各2根

③ 用200cm长的绳子编5cm左上扭结

⑥ 用200cm的绳子编5cm右上扭结

⑦ 同④

④ 四股辫40cm

⑧ 同⑤

⑤ 4根绳子打单结

⑦、⑪小虎眼的穿法

穿过小虎眼

1. 穿过小虎眼，做四股辫的交叉1~4（P91）。

石头

C   D

A   B

2. 把事先穿好的小虎眼加上1个。重复步骤*1*、*2*。

A C   B D

① 包石头的绳子的位置

●：200cm的绳子

○：150cm的绳子

4 手链 P6

[材料]

麻线（中粗）原色（361）180cm 1根、60cm 1根，
艾蒿色（345）180cm 1根
椰子壳串珠（MA2224）1个

[尺寸]

长22cm

8 手链 P6

[材料]

麻线（中粗）原色（361）150cm 2根
枣形木质串珠22mm×5mm（W623）3颗
碟形木质串珠15mm×4mm（W653）1颗

[尺寸]

长23cm

7 手链 P6

[材料]

麻线（中粗）原色（361）210cm 1根、70cm 1根
木质串珠6mm（W581）24颗
碟形木质串珠15mm×4mm（W651）1颗

[尺寸]

长21cm

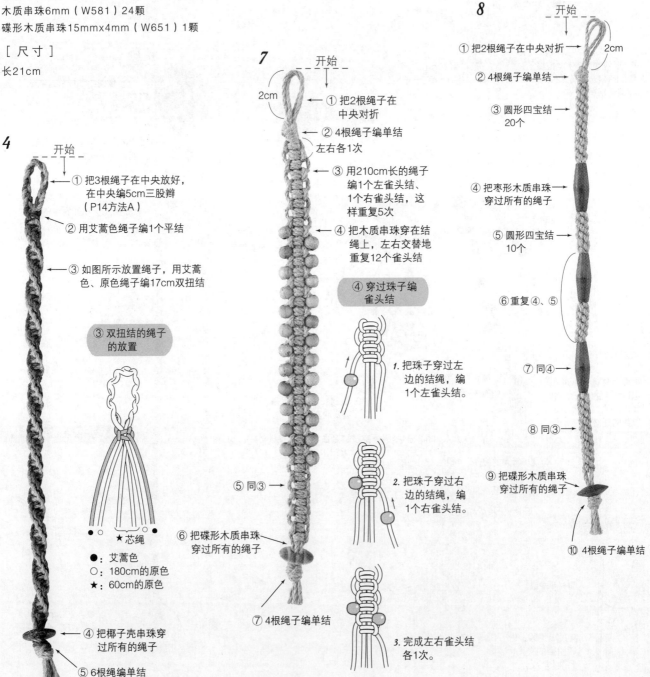

4

开始

① 把3根绳子在中央放好，在中央编5cm三股辫（P14方法A）

② 用艾蒿色绳子编1个平结

③ 如图所示放置绳子，用艾蒿色、原色绳子编17cm双扭结

③ 双扭结的绳子的放置

★芯绳

● 艾蒿色
○：180cm的原色
★：60cm的原色

④ 把椰子壳串珠穿过所有的绳子

⑤ 6根绳编单结

7

开始

2cm

① 把2根绳子在中央对折

② 4根绳子编单结左右各1次

③ 用210cm长的绳子编1个左雀头结、1个右雀头结，这样重复5次

④ 把木质串珠穿在结绳上，左右交替地重复12个雀头结

④ 穿过珠子编雀头结

1. 把珠子穿过左边的结绳，编1个左雀头结。

2. 把珠子穿过右边的结绳，编1个右雀头结。

3. 完成左右雀头结各1次。

⑤ 同③

⑥ 把碟形木质串珠穿过所有的绳子

⑦ 4根绳子编单结

8

开始

2cm

① 把2根绳子在中央对折

② 4根绳子编单结

③ 圆形四宝结20个

④ 把枣形木质串珠穿过所有的绳子

⑤ 圆形四宝结10个

⑥ 重复④、⑤

⑦ 同④

⑧ 同③

⑨ 把碟形木质串珠穿过所有的绳子

⑩ 4根绳子编单结

9 项链 P7

[材料]
麻线（中粗）原色（361）350cm 1根、130cm 1根
圆形木质串珠6mm（W582）8颗
枣形木质串珠14mm×5mm（W611）5颗
碟形木质串珠15mm×4mm（W652）1颗

[尺寸]
长48cm

10 手链 P7

[材料]
麻线（中粗）原色（361）150cm 1根、70cm 1根
枣形木质串珠14mm×5mm（W612）5颗
碟形木质串珠15mm×4mm（W652）1颗

[尺寸]
长21cm

16 手机链 P9

[材料]
麻线（中粗）蓝色（347）100cm 2根、
原色（361）100cm 1根
手机挂件（G1016）1个

[尺寸]
长20cm（麻的部分15cm）

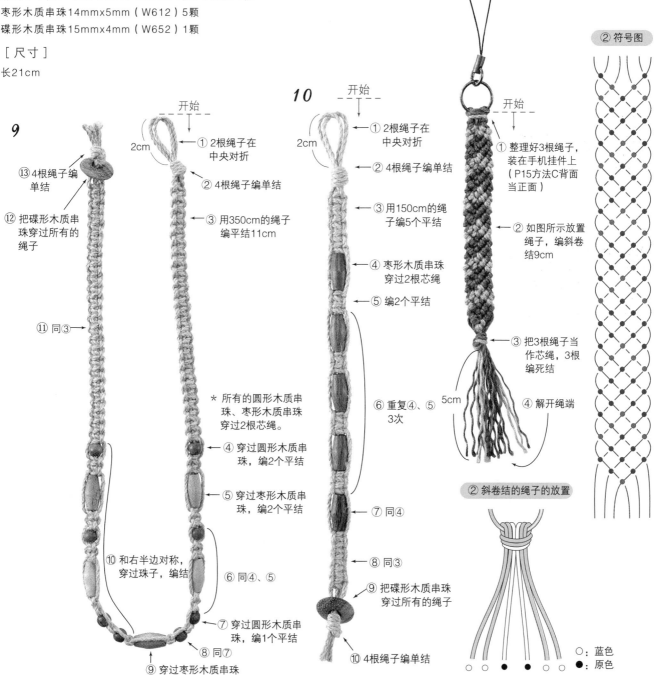

9

⑬ 4根绳子编单结
⑫ 把碟形木质串珠穿过所有的绳子
⑪ 同③

开始
2cm
① 2根绳子在中央对折
② 4根绳子编单结
③ 用350cm的绳子编平结11cm

＊ 所有的圆形木质串珠、枣形木质串珠穿过2根芯绳。
④ 穿过圆形木质串珠，编2个平结
⑤ 穿过枣形木质串珠，编2个平结
⑩ 和右半边对称，穿过珠子，编结
⑥ 同④、⑤
⑦ 穿过圆形木质串珠，编1个平结
⑧ 同⑦
⑨ 穿过枣形木质串珠

10
开始
2cm
① 2根绳子在中央对折
② 4根绳子编单结
③ 用150cm的绳子编5个平结
④ 枣形木质串珠穿过2根芯绳
⑤ 编2个平结
⑥ 重复④、⑤3次
⑦ 同④
⑧ 同③
⑨ 把碟形木质串珠穿过所有的绳子
⑩ 4根绳子编单结

16

① 整理好3根绳子，装在手机挂件上（P15方法C背面当正面）
② 如图所示放置绳子，编斜卷结9cm
③ 把3根绳子当作芯绳，3根编死结
④ 解开绳端
5cm

② 符号图

② 斜卷结的绳子的放置

○：蓝色
●：原色

111

11 项链 P8

[材料]

麻线（中粗）黑色（326）150cm 2根、100cm 1根
圆形木质串珠8mm（W591）1颗
牛骨十字架（AC1286）

[尺寸]

周长 最长72cm

12 脚链 P8

[材料]

麻线（细）黑色（326）270cm 1根、80cm 2根
圆形木质串珠6mm（W582）10颗

[尺寸]

长29cm

14、15 手机链 P9

[材料]

14 麻线（中粗）原色（361）、黑色（326）各80cm 1根
牛骨十字架（AC1284）1个

15 麻线（中粗）原色（361）、浅绿色（336）各80cm 1根
牛骨十字架（AC1282）1个

14、15通用⋯⋯手机挂件（G1016）1个

[尺寸]

长15cm（麻的部分是6.5cm）（14、15）

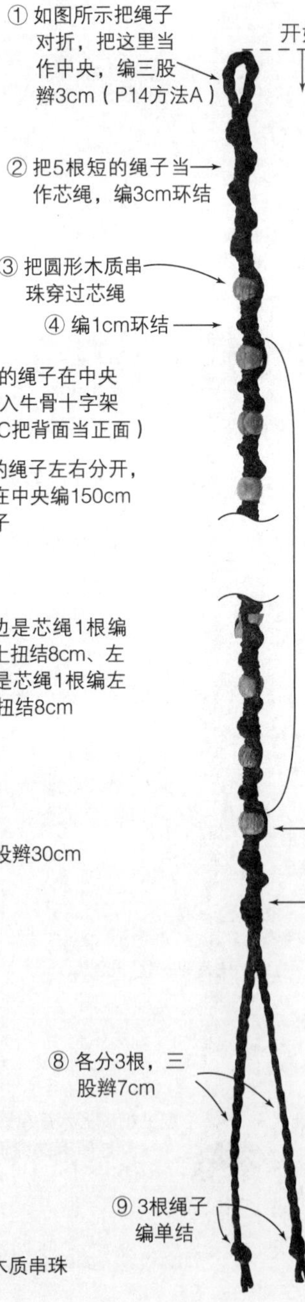

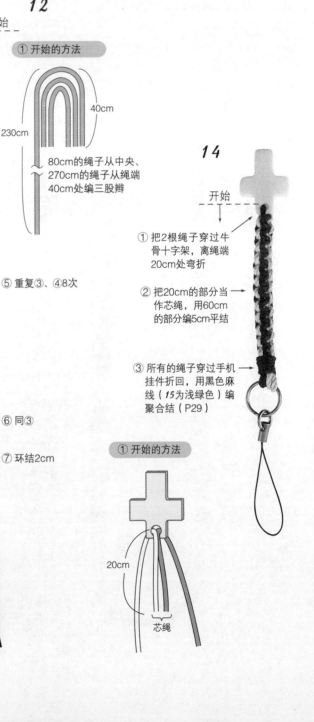

11

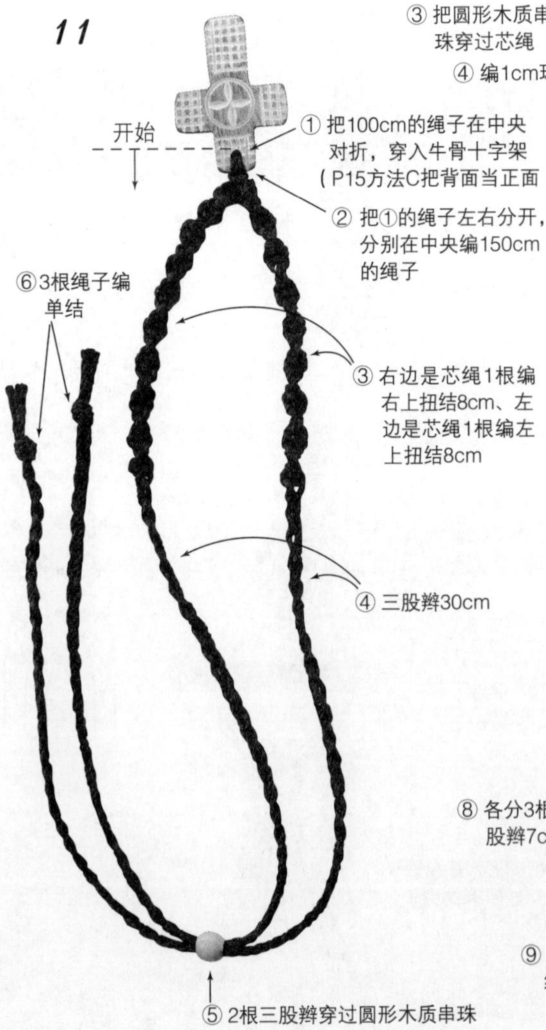

开始

⑥3根绳子编
单结

①把100cm的绳子在中央
对折，穿入牛骨十字架
（P15方法C把背面当正面）

②把①的绳子左右分开，
分别在中央编150cm
的绳子

③右边是芯绳1根编
右上扭结8cm、左
边是芯绳1根编左
上扭结8cm

④三股辫30cm

⑤2根三股辫穿过圆形木质串珠

12

①如图所示把绳子
对折，把这里当
作中央，编三股
辫3cm（P14方法A）

②把5根短的绳子当
作芯绳，编3cm环结

③把圆形木质串
珠穿过芯绳

④编1cm环结

⑤重复③、④8次

⑥同③

⑦环结2cm

⑧各分3根，三
股辫7cm

⑨3根绳子
编单结

开始

① 开始的方法

40cm

230cm

80cm的绳子从中央、
270cm的绳子从绳端
40cm处编三股辫

14

开始

①把2根绳子穿过牛
骨十字架，离绳端
20cm处弯折

②把20cm的部分当
作芯绳，用60cm
的部分编5cm平结

③所有的绳子穿过手机
挂件折回，用黑色麻
线（15为浅绿色）编
聚合结（P29）

① 开始的方法

20cm

芯绳

13　钥匙链　P9

[材料]

麻线（中粗）原色（361）、彩虹色段染（375）各170cm 1根
钥匙环（S1009）1个
钥匙圈（S1014）1个

[尺寸]

长14cm（麻的部分是9cm）

17～19　长挂件　P10

[材料]

17 麻线（中粗）黄芩色（341）500cm 1根
18 麻线（中粗）槐树色（342）500cm 1根
19 麻线（中粗）洋苏木色（344）500cm 1根
17～19通用…手机挂件（S1022）1个

[尺寸]

周长75cm（**17～19**）

24　脚链　P11

[材料]

麻线（细）藏蓝色（348）200cm 2根
白镴（AC469）1个、（AC1302）1个
直径5mm的圆环（市售）1个

[尺寸]

长25cm

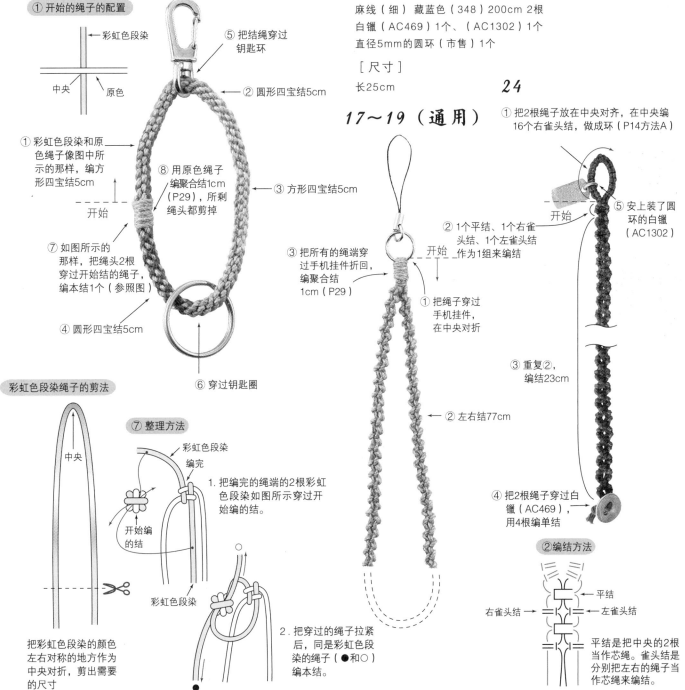

13

① 开始的绳子的配置

← 彩虹色段染

⑤ 把结绳穿过钥匙环

中央

原色

① 彩虹色段染和原色绳子像图中所示的那样，编方形四宝结5cm

开始

⑦ 如图所示的那样，把绳头2根穿过开始结的绳子，编本结1个（参照图）

④ 圆形四宝结5cm

② 圆形四宝结5cm

⑧ 用原色绳子编聚合结1cm（P29），所剩绳头都剪掉

③ 方形四宝结5cm

⑥ 穿过钥匙圈

彩虹色段染绳子的剪法

中央

把彩虹色段染的颜色左右对称的地方作为中央对折，剪出需要的尺寸

⑦ 整理方法

彩虹色段染编完

开始编的结

彩虹色段染

1. 把编完的绳端的2根彩虹色段染如图所示穿过开始编的结。

2. 把穿过的绳子拉紧后，同是彩虹色段染的绳子（●和○）编本结。

17～19（通用）

③ 把所有的绳端穿过手机挂件折回，编聚合结1cm（P29）

开始

② 1个平结、1个右雀头结、1个左雀头结作为1组来编结

① 把绳子穿过手机挂件，在中央对折

② 左右结77cm

24

① 把2根绳子放在中央对齐，在中央编16个右雀头结，做成环（P14方法A）

开始

⑤ 安上装了圆环的白镴（AC1302）

③ 重复②，编结23cm

④ 把2根绳子穿过白镴（AC469），用4根编单结

② 编结方法

平结

右雀头结 →　← 左雀头结

平结是把中央的2根当作芯绳。雀头结是分别把左右的绳子当作芯绳来编结。

113

26 套索 P21

[材料]

麻线（细）原色（361）130cm 3根
贝壳（AC1283）4个
卡伦银（AC776）10个

[尺寸]

长103cm

27 脚链 P22

[材料]

麻线（中粗）白色（321）130cm 1根
贝壳碎片 漂白（MA2230）1袋
角珠（AC1231）1个

[尺寸]

长24cm

28 挂件 P22

[材料]

麻线（中粗）原色（361）100cm 1根、40cm 1根
贝壳（AC1283）3个
手机挂件（S1022）1个

[尺寸]

长16cm（麻的部分是8cm）

26

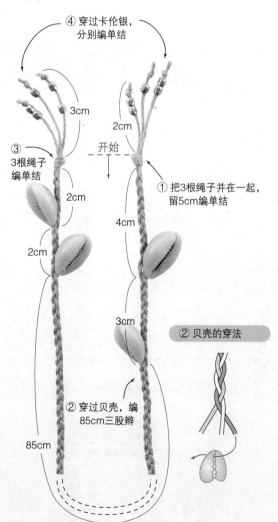

④ 穿过卡伦银，
  分别编单结

3cm

2cm

③ 3根绳子
  编单结

开始

① 把3根绳子并在一起，
  留5cm编单结

2cm

4cm

2cm

3cm

85cm

② 穿过贝壳，编
  85cm三股辫

② 贝壳的穿法

27

开始

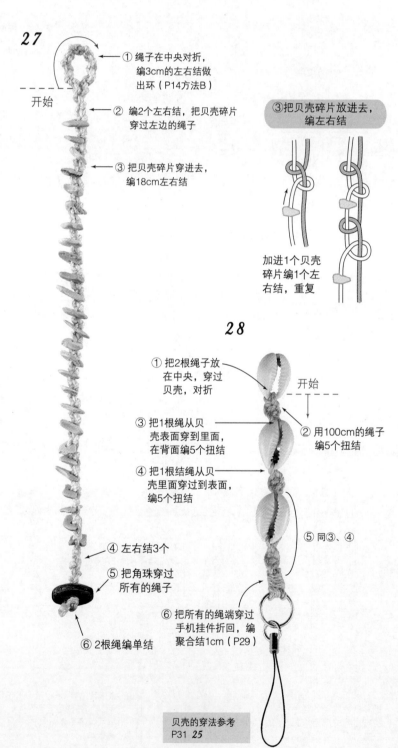

① 绳子在中央对折，
  编3cm的左右结做
  出环（P14方法B）

② 编2个左右结，把贝壳碎片
  穿过左边的绳子

③ 把贝壳碎片穿进去，
  编18cm左右结

④ 左右结3个

⑤ 把角珠穿过
  所有的绳子

⑥ 2根绳编单结

③ 把贝壳碎片放进去，
  编左右结

加进1个贝壳
碎片编1个左
右结，重复

28

① 把2根绳子放
  在中央，穿过
  贝壳，对折

开始

② 用100cm的绳子
  编5个扭结

③ 把1根绳从贝
  壳表面穿到里面，
  在背面编5个扭结

④ 把1根结绳从贝
  壳里面穿过到表面，
  编5个扭结

⑤ 同③、④

⑥ 把所有的绳端穿过
  手机挂件折回，编
  聚合结1cm（P29）

贝壳的穿法参考
P31 **25**

114

20、21 戒指　P11

[材料]

20 麻线（中粗）原色（361）80cm
1根
圆形木质串珠　直径6mm（W581）5颗

21 麻线（中粗）茜草色（343）
80cm 1根
角珠（AC1226）2颗、（AC1228）
1颗

[尺寸]

周长6cm（**20**、**21**）

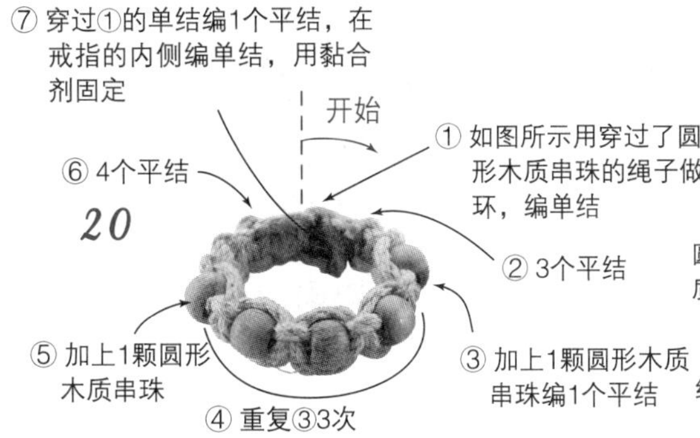

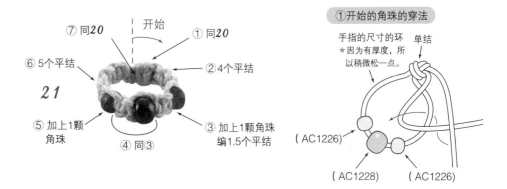

⑦ 穿过①的单结编1个平结，在
戒指的内侧编单结，用黏合
剂固定

开始

20

⑥ 4个平结

⑤ 加上1颗圆形
木质串珠

④ 重复③3次

① 如图所示用穿过了圆
形木质串珠的绳子做
环，编单结

② 3个平结

③ 加上1颗圆形木质
串珠编1个平结

①开始的方法

手指的尺寸的环
＊因为有厚度，所
以稍微松一点。

单结

圆形木
质串珠

绳子的中央

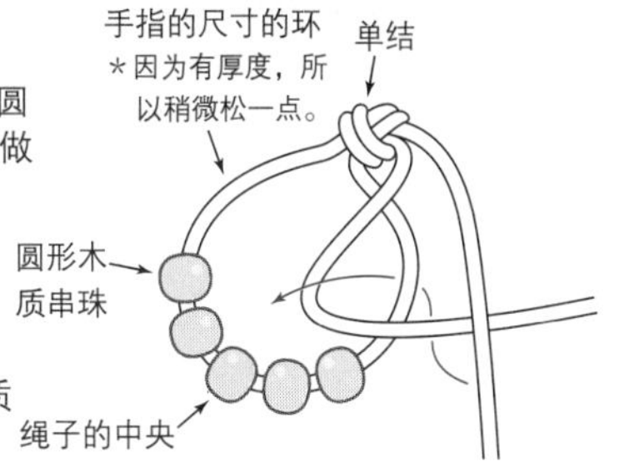

用穿过圆形木质串珠的绳子做稍
微比手指的尺寸大一些的环，编
单结。把环的部分当作芯绳，编
平结。

⑦ 同**20**

⑥ 5个平结

21

⑤ 加上1颗
角珠

④ 同③

开始

① 同**20**

② 4个平结

③ 加上1颗角珠
编1.5个平结

①开始的角珠的穿法

手指的尺寸的环
＊因为有厚度，所
以稍微松一点。

单结

（AC1226）

（AC1228）　　（AC1226）

22 戒指　P11

[材料]

麻线（中粗）浅蓝色（346）100cm 1根
圆形木质串珠直径6mm（W583）6颗

[尺寸]

周长6cm

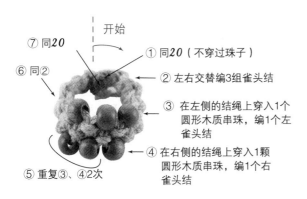

⑦ 同**20**

⑥ 同②

开始

① 同**20**（不穿过珠子）

② 左右交替编3组雀头结

③ 在左侧的结绳上穿入1个
圆形木质串珠，编1个左
雀头结

④ 在右侧的结绳上穿入1颗
圆形木质串珠，编1个右
雀头结

⑤ 重复③、④2次

②雀头结的编法

手指的尺寸的环
＊因为有厚度，所
以稍微松一点。

单结

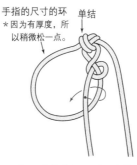 

1. 把环当作芯绳，用一边的
绳子编左雀头结。

2. 用另一边的绳子
编右雀头结。

③圆形木质串珠的穿法

结绳上穿入1颗珠子，
编雀头结。另一边的
绳端也一样。

23 戒指 P11

[材料]
麻线（中粗）黄芩色（341）80cm 1根
圆形木珠 直径6mm（W582）2颗
枣形木珠14mm×5mm（W612）1颗

[尺寸]
周长6cm

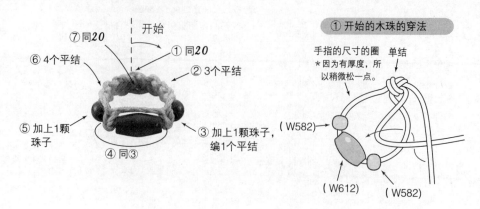

开始
⑦同20
①同20
⑥4个平结
②3个平结
⑤加上1颗珠子
③加上1颗珠子，编1个平结
④同③

① 开始的木珠的穿法
手指的尺寸的圈 单结
*因为有厚度，所以稍微松一点。
（W612）（W582）

41 耳环 P26

[材料]（1组的量）
麻线（细）浅蓝绿色（337）70cm 2根
珍珠（AC704）10颗
耳环（市售）1副

[尺寸]
长4.5cm（麻的部分2cm）

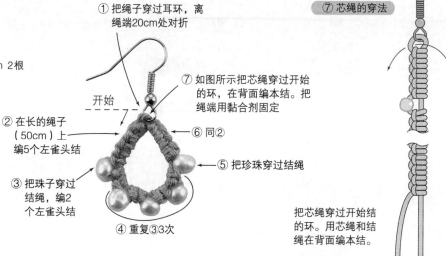

① 把绳子穿过耳环，离绳端20cm处对折
② 在长的绳子（50cm）上编5个左雀头结
③ 把珠子穿过结绳，编2个左雀头结
④ 重复③3次
⑤ 把珍珠穿过结绳
⑥ 同②
⑦ 如图所示把芯绳穿过开始的环，在背面编本结。把绳端用黏合剂固定
开始

⑦ 芯绳的穿法
把芯绳穿过开始结的环。用芯绳和结绳在背面编本结。

40 耳环 P26

[材料]（1组的量）
麻线（中粗）白色（321）、蓝绿色（330）各40cm 2根
圆环 直径5mm（市售）2个
耳环（市售）1副

[尺寸]
长5cm（麻的部分3cm）

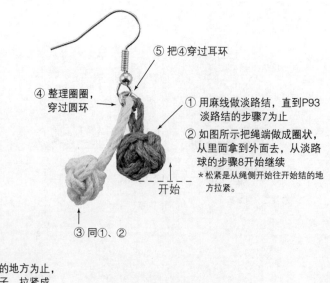

⑤ 把④穿过耳环
④ 整理圈圈，穿过圆环
① 用麻线做淡路结，直到P93淡路结的步骤7为止
② 如图所示把绳端做成圈状，从里面拿到外面去，从淡路球的步骤8开始继续
*松紧是从绳侧开始往开始结的地方拉紧。
③ 同①、②
开始

② 圈的穿法

单结

1. 把编完的绳端对折做出环，编单结，如图所示穿过。

2. 拉出直到单结的地方为止，拖开始结的绳子，拉紧成球状。

30 钥匙链 P22

[材料]

麻线（中粗）白色（321）100cm 2根、
80cm 1根
角珠（AC1224）3颗
贝壳圆片（AC017）1个
牛骨十字架（AC1284）1个
钥匙环（S1010）1个

[尺寸]

长15cm（麻的部分11cm）

32~34 手链 P23

[材料]

32 麻绳（细）白色（562）、藏蓝色（566）各200cm 1根
33 麻绳（细）白色（562）、天蓝色（565）、藏蓝色（566）各70cm 1根
麻线（细）白色（321）40cm 2根
34 麻绳（细）白色（562）、天蓝色（565）各200cm 1根
32~34 通用 碟形木珠15mm×4mm（W651）1个

[尺寸]

32、34 长22cm　**33** 长21cm

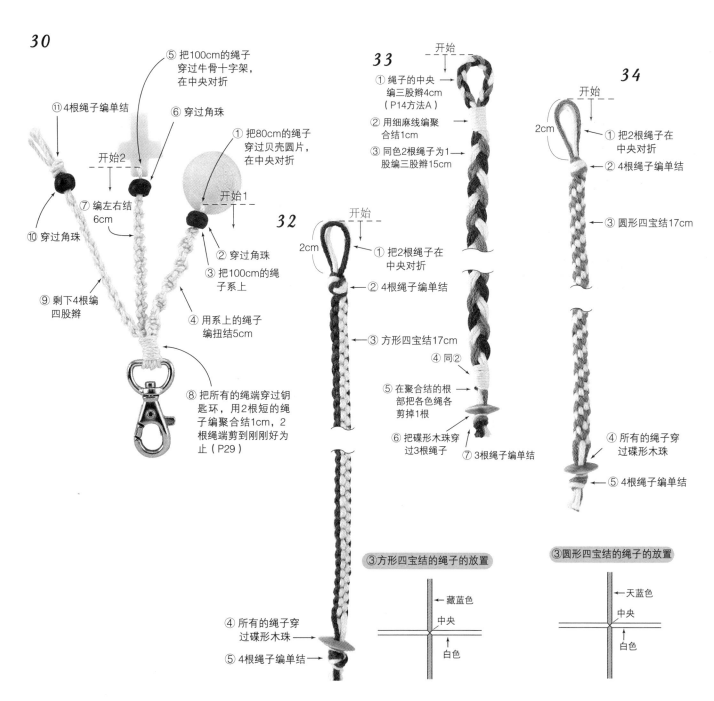

30

⑤把100cm的绳子穿过牛骨十字架，在中央对折
⑪4根绳子编单结
⑥穿过角珠
①把80cm的绳子穿过贝壳圆片，在中央对折
开始2
②穿过角珠
⑦编左右结6cm
③把100cm的绳子系上
⑩穿过角珠
开始1
⑨剩下4根编四股辫
④用系上的绳子编扭结5cm
⑧把所有的绳端穿过钥匙环，用2根短的绳子编聚合结1cm，2根绳端剪到刚刚好为止（P29）

33

①绳子的中央编三股辫4cm（P14方法A）
②用细麻线编聚合结1cm
③同色2根绳子为1股编三股辫15cm
开始
④同2
⑤在聚合结的根部把各色绳各剪掉1根
⑥把碟形木珠穿过3根绳子
⑦3根绳子编单结

32
2cm
开始
①把2根绳子在中央对折
②4根绳子编单结
③方形四宝结17cm
④所有的绳子穿过碟形木珠
⑤4根绳子编单结

34
开始
2cm
①把2根绳子在中央对折
②4根绳子编单结
③圆形四宝结17cm
④所有的绳子穿过碟形木珠
⑤4根绳子编单结

③方形四宝结的绳子的放置
←藏蓝色
中央
白色

③圆形四宝结的绳子的放置
←天蓝色
中央
白色

31 长挂件 P23

[材料]

麻绳（细）白色（562）、天蓝色（565）、藏蓝色
（566）各120cm 1根
麻线（细）白色（321）40cm 1根
碟形木珠15mm×4mm（W651）1颗
手机挂件（S1022）1个

[尺寸]

周长 最长80cm

45 钥匙链 P33

[材料]

麻线（中粗）浅绿色（336）120cm 1根、60cm 1根
浅蓝绿色（337）120cm 1根
钥匙圈（S1014）、牛铃（MA2315）各1个

[尺寸]

长13cm（麻的部分6cm）

46 手链 P33

[材料]

麻线（细）黄芩色（341）110cm 2根、80cm 2根
角珠（AC1225）8颗
绿松石（AC1288）1个

[尺寸]

长37cm

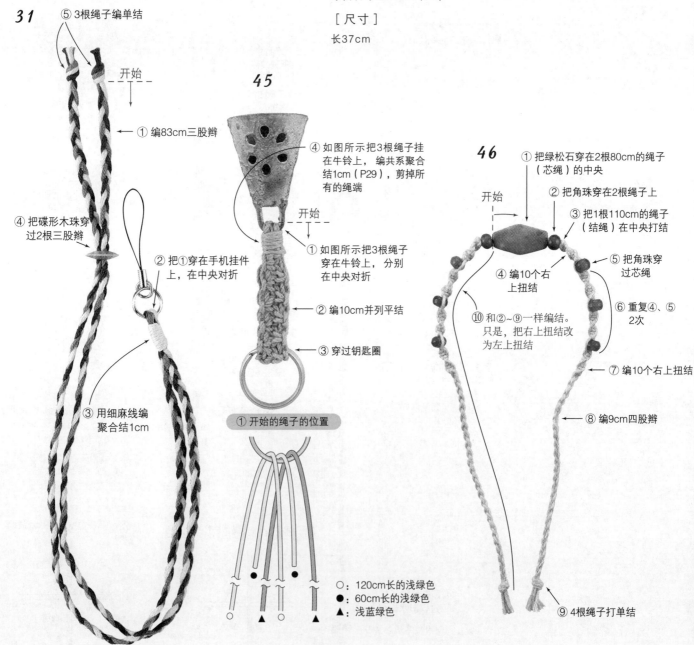

31
⑤ 3根绳子编单结
开始
① 编83cm三股辫
④ 把碟形木珠穿过2根三股辫
② 把①穿在手机挂件上，在中央对折
③ 用细麻线编聚合结1cm

45
④ 如图所示把3根绳子挂在牛铃上，编共系聚合结1cm（P29），剪掉所有的绳端
开始
① 如图所示把3根绳子穿在牛铃上，分别在中央对折
② 编10cm并列平结
③ 穿过钥匙圈
① 开始的绳子的位置

○：120cm长的浅绿色
●：60cm长的浅绿色
▲：浅蓝绿色

46
① 把绿松石穿在2根80cm的绳子（芯绳）的中央
② 把角珠穿在2根绳子上
③ 把1根110cm的绳子（结绳）在中央打结
④ 编10个右上扭结
⑤ 把角珠穿过芯绳
⑥ 重复④、⑤2次
⑦ 编10个右上扭结
⑧ 编9cm四股辫
⑨ 4根绳子打单结
开始
⑩ 和②～⑨一样编结。只是，把右上扭结改为左上扭结

36、37 项链　P25

[材料]

36 麻绳（细）白色（562）、朱红色（568）各160cm 1根

37 麻绳（细）白色（562）160cm 1根、天蓝色（565）、藏蓝色（566）各80cm 1根

36、37 通用…麻线（细）白色（321）50cm 1根
骨珠（AC1234）1颗
碟形木珠15mmx4mm（W651）1颗

[尺寸]

从绳端到顶端长27cm（**36、37**）

36、37

开始
↓
2cm

① 如图所示把绳子并在一起，打单结（**36**是把2根绳子在中央对折，2cm的地方编单结）

② 四股辫50cm

⑥ 4根绳子编单结

⑤ 把所有的绳子穿过碟形木珠

① 37开始的方法

2cm

在这个位置编单结

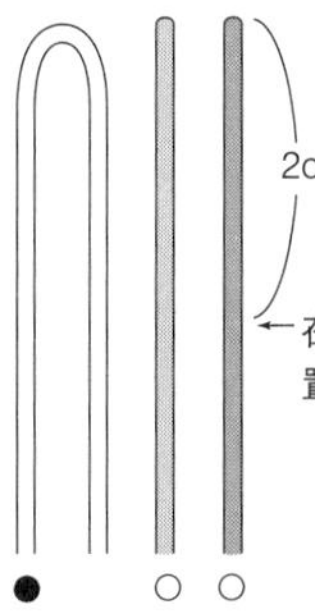

● ○ ○
●：160cm长的绳子
○：80cm长的绳子

如图所示把绳子并在一起，4根绳编单结。把80cm长绳子的绳端在结子的地方剪到刚刚好为止。

② 四股辫的绳子的放置

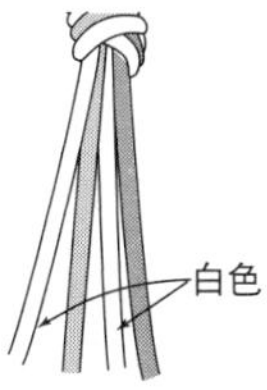

白色

白色和其他颜色的绳子交替放置

④ 用50cm的麻线编1cm聚合结

③ 把四股辫穿过骨珠，在中央对折

38、39 脚链　P26

[材料]

38 麻线（细）白色（321）180cm 1根、80cm 1根，蓝绿色（330）180cm 1根

39 麻线（细）浅蓝色（346）180cm 1根、80cm 1根，深蓝色段染（373）180cm 1根

38、39 通用椰子壳串珠（MA2224）各1颗

[尺寸]

长26cm（**38、39**）

47、48 挂件　P33

[材料]

47 麻线（中粗）浅蓝绿色（337）80cm 1根、40cm 1根
字母木珠 S、K、Y各1颗

48 麻线（中粗）橙色（328）80cm 1根、40cm 1根
字母木珠 S、U、N各1颗

47、48 通用…手机挂件（S1013）1颗

[尺寸]

长17cm（麻的部分12.5cm）（**47、48**）

38、39

开始
↓

① 如图所示把绳子摆好，编40cm三股辫（P14方法A）

② 用2根长绳子编22cm平结

① 开始的方法

40cm

中心

140cm

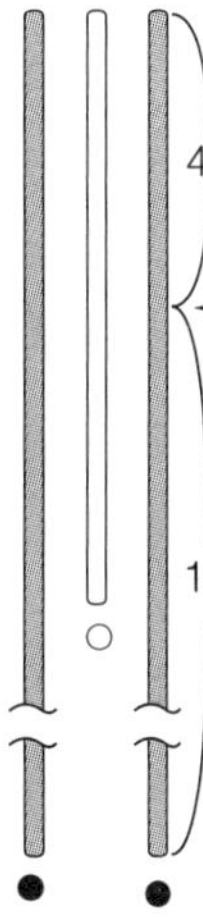

●：180cm长的绳端
○：80cm长的绳端

把3根绳子的顶端对齐，把离绳端40cm的地方当作中心编三股辫

③ 所有的绳子穿过椰子壳串珠

④ 6根绳子编单结

47、48

开始
↓

① 把40cm的绳子（芯绳）挂在手机挂件上，在中央对折

② 把80cm的绳子（结绳）编在①上

③ 2cm扭结

④ 把木珠S穿过2根芯绳

⑤ 1cm扭结

48是「U」

⑥ 重复④、⑤2次（木珠按照K、Y的顺序）

48是「N」

⑦ 4根绳子编单结

⑧ 把绳子解开

3.5cm

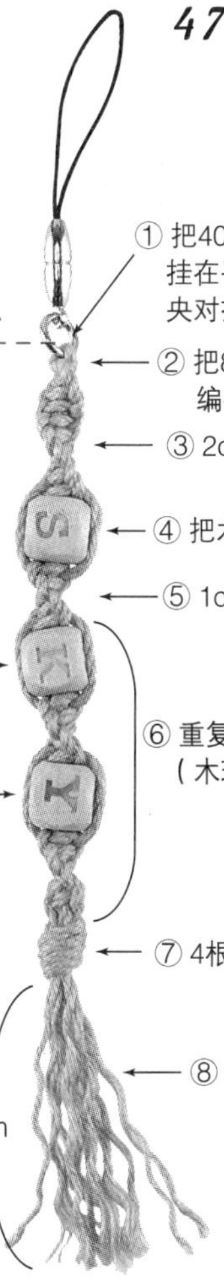

35 腰带 P24

［材料］

麻绳（中粗）白色（562）、藏蓝色（566）、朱红色（568）
各200cm 2根
麻线（中粗）白色（321）50cm 2根

［尺寸］

长165cm

51、52手链 P35

［材料］

*51*麻线（中粗）　黄色（327）、红色（329）各50cm 1根
*52*麻线（中粗）　浅绿色（336）、蓝色（325）各50cm 1根
*51、52*通用：麻线（中粗）　原色（361）150cm 1根
皮革绳2.5mm 深棕色（504）40cm 1根
白镴（AC470）、（AC449）各1个

［尺寸］

长25cm（*51、52*）

35

④ 各个绳端编单结

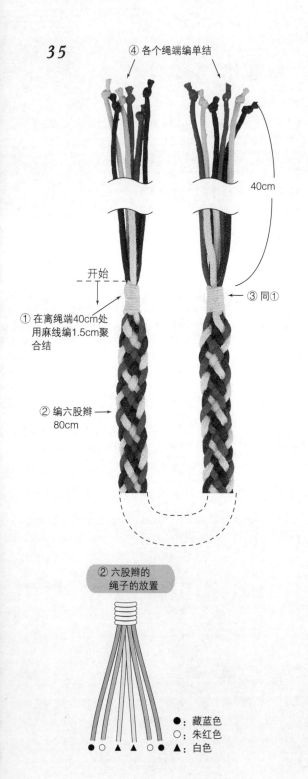

40cm

③ 同①

开始

① 在离绳端40cm处
用麻线编1.5cm聚
合结

② 编六股辫
80cm

② 六股辫的
绳子的放置

●：藏蓝色
○：朱红色
▲：白色
● ○ ▲ ▲ ○ ● ▲

51　　　**52**

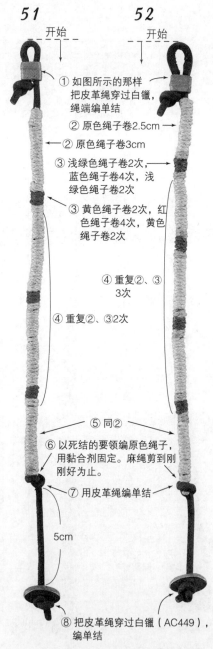

开始　　　开始

① 如图所示的那样
把皮革绳穿过白镴，
绳端编单结

② 原色绳子卷2.5cm

② 原色绳子卷3cm

③ 浅绿色绳子卷2次，
蓝色绳子卷4次，浅
绿色绳子卷2次

③ 黄色绳子卷2次，红
色绳子卷4次，黄色
绳子卷2次

④ 重复②、③
3次

④ 重复②、③2次

⑤ 同②

⑥ 以死结的要领编原色绳子，
用黏合剂固定。麻绳剪到刚
刚好为止。

⑦ 用皮革绳编单结

5cm

⑧ 把皮革绳穿过白镴（AC449），
编单结

① 开始的方法

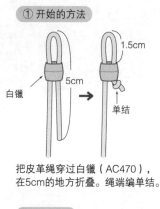

1.5cm

白镴

5cm

单结

把皮革绳穿过白镴（AC470），
在5cm的地方折叠。绳端编单结。

②、③ 卷法

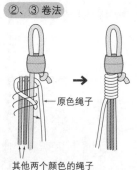

原色绳子

其他两个颜色的绳子

1. 把绳子和皮革绳并排，把原色
绳子的绳端弯曲然后卷上去。

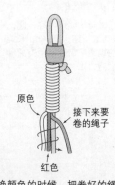

原色

接下来要
卷的绳子

红色

2. 换颜色的时候，把卷好的绳
子加到芯绳上，把接下来要
卷的绳子拿到外面卷。

49 钥匙链　P33

[材料]

麻线（中粗） 黄色（327）、浅蓝绿色（337）各
110cm 1根、60cm 1根
骨珠 （AC1234）1颗
玻璃珠 （AC901）、（AC992）各12颗
钥匙环 （S1009）1个

[尺寸]

长20cm（麻的部分16cm）

50 项链　P34

[材料]

麻线（中粗） 品红色（335）300cm 1根、80cm 4根
原色（361）300cm 1根
废弃回收丝绸纱线 300cm 1根
不织布（或者是厨房用纸等）适量
卡伦银 （AC785）1个
椰子壳串珠（MA2224）1个
直径5mm的圆环（市售）1个

[尺寸]

周长 最长68cm

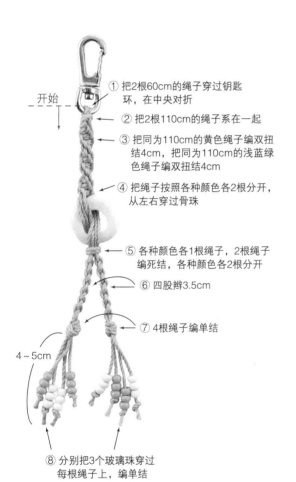

_开始_

① 把2根60cm的绳子穿过钥匙
环，在中央对折

② 把2根110cm的绳子系在一起

③ 把同为110cm的黄色绳子编双扭
结4cm，把同为110cm的浅蓝绿
色绳子编双扭结4cm

④ 把绳子按照各种颜色各2根分开，
从左右穿过骨珠

⑤ 各种颜色各1根绳子，2根绳子
编死结，各种颜色各2根分开

⑥ 四股辫3.5cm

⑦ 4根绳子编单结

4～5cm

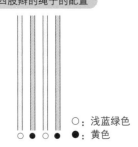

⑧ 分别把3个玻璃珠穿过
每根绳子上，编单结

⑥ 四股辫的绳子的配置

○：浅蓝绿色
●：黄色

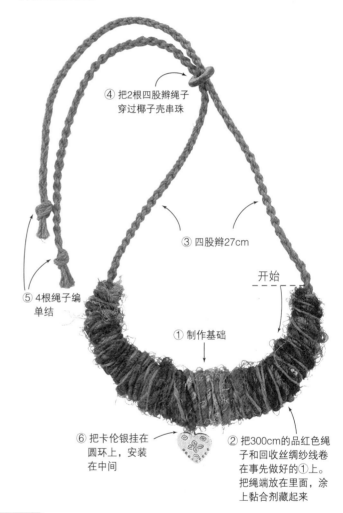

④ 把2根四股辫绳子
穿过椰子壳串珠

③ 四股辫27cm

开始

① 制作基础

⑤ 4根绳子编
单结

② 把300cm的品红色绳
子和回收丝绸纱线卷
在事先做好的①上。
把绳端放在里面，涂
上黏合剂藏起来

⑥ 把卡伦银挂在
圆环上，安装
在中间

① 制作基础

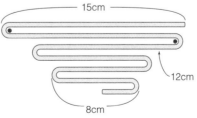

15cm

12cm

8cm

1. 把原色绳子折四折后，如图所示
折好捆扎。
●把2根80cm的品红色绳分别
穿过红点的地方，对折。

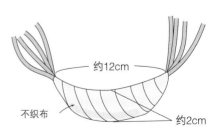

约12cm

不织布

约2cm

2. 把不织布（或者是厨房用纸等）卷在
步骤1的绳子上，做月牙形。
＊卷不织布的时候，各个地方贴上双
面胶再卷比较好。

53 小饰物　P35

[材料]

麻线（中粗）　原色（361）100cm 3根
废弃回收丝绸纱线 100cm 3根
圆形木珠6mm（W582）10颗、圆形木珠12mm（W602）1颗
卡伦银（AC784）、（AC794）各1个
骨珠（AC1287）1颗
羽毛（AC1289）1根
玻璃珠（AC991）10颗

[尺寸]

长29cm

56、57 小饰物　P37

[材料]

56麻线（中粗）　浅褐色（322）、巧克力色（333）
各100cm 2根
57麻线（中粗）　蓝绿色（330）、浅蓝绿色（337）
各100cm 2根

56、57通用…牛铃（MA2315）1个

[尺寸]

长31cm（麻的部分26cm）（56、57）

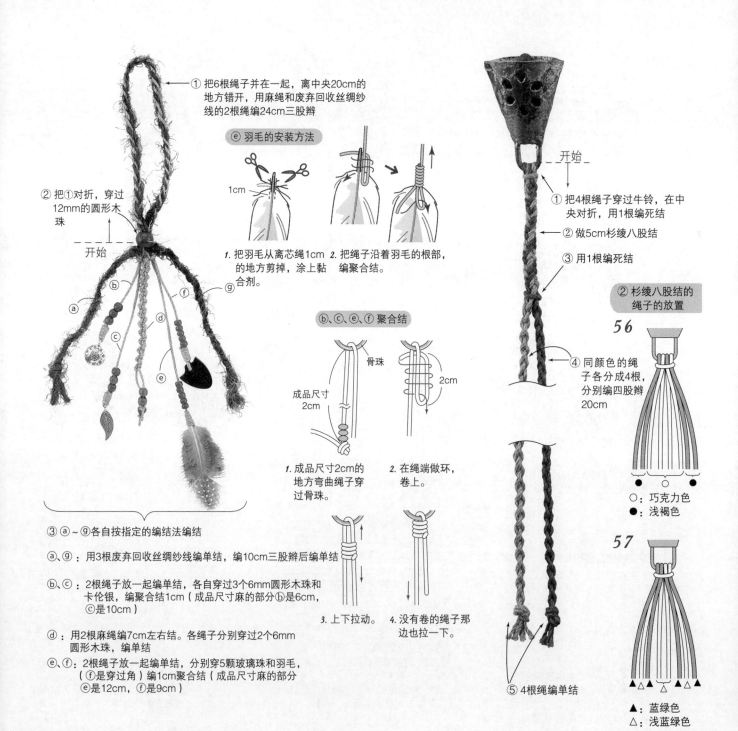

① 把6根绳子并在一起，离中央20cm的地方错开，用麻绳和废弃回收丝绸纱线的2根绳编24cm三股辫

② 把①对折，穿过12mm的圆形木珠

开始

ⓔ 羽毛的安装方法

1cm

1. 把羽毛从离芯绳1cm的地方剪掉，涂上黏合剂。　2. 把绳子沿着羽毛的根部，编聚合结。

ⓑ、ⓒ、ⓔ、ⓕ 聚合结

骨珠

成品尺寸 2cm

成品尺寸 2cm

2cm

1. 成品尺寸2cm的地方弯曲绳子穿过骨珠。　2. 在绳端做环，卷上。

3. 上下拉动。　4. 没有卷的绳子那边也拉一下。

③ ⓐ~ⓖ各自按指定的编结法编结

ⓐ、ⓖ：用3根废弃回收丝绸纱线编单结，编10cm三股辫后编单结

ⓑ、ⓒ：2根绳子放一起编单结，各自穿过3个6mm圆形木珠和卡伦银，编聚合结1cm（成品尺寸麻的部分ⓑ是6cm，ⓒ是10cm）

ⓓ：用2根麻绳编7cm左右结。各绳子分别穿过2个6mm圆形木珠，编单结

ⓔ、ⓕ：2根绳子放一起编单结，分别穿5颗玻璃珠和羽毛，（ⓕ是穿过角）编1cm聚合结（成品尺寸麻的部分ⓔ是12cm，ⓕ是9cm）

开始

① 把4根绳子穿过牛铃，在中央对折，用1根编死结

② 做5cm杉绫八股结

③ 用1根编死结

② 杉绫八股结的绳子的放置

56

④ 同颜色的绳子各分成4根，分别编四股辫20cm

○：巧克力色
●：浅褐色

57

⑤ 4根绳编单结

▲：蓝绿色
△：浅蓝绿色

122

54 项链 P36

[材料]

麻线（中粗）　红色（329）320cm 1根

骨珠　（AC1228）6颗、（AC1232）1颗

牛角十字架（AC1285）1个

[尺寸]

长40cm

55 手链 P36

[材料]

麻线（中粗）　红色（329）160cm 1根

骨珠　（AC1228）7颗、（AC1232）1颗

[尺寸]

长21cm

58 长挂件 P39

[材料]

麻线（中粗）　紫色（332）450cm 1根、180cm 1根

品红色（335）450cm 1根

手机挂件（S1022）1个

[尺寸]

周长64cm

54

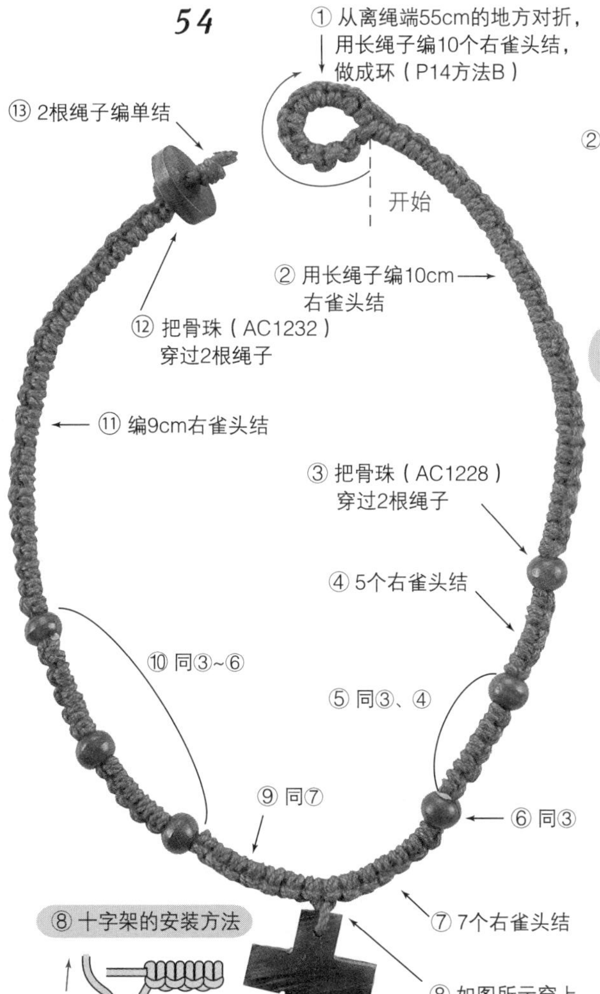

① 从离绳端55cm的地方对折，用长绳子编10个右雀头结，做成环（P14方法B）

⑬ 2根绳子编单结

② 用长绳子编10cm右雀头结

⑫ 把骨珠（AC1232）穿过2根绳子

⑪ 编9cm右雀头结

③ 把骨珠（AC1228）穿过2根绳子

④ 5个右雀头结

⑩ 同③~⑥

⑤ 同③、④

⑥ 同③

⑨ 同⑦

⑦ 7个右雀头结

⑧ 如图所示穿上牛角十字架

开始

⑧ 十字架的安装方法

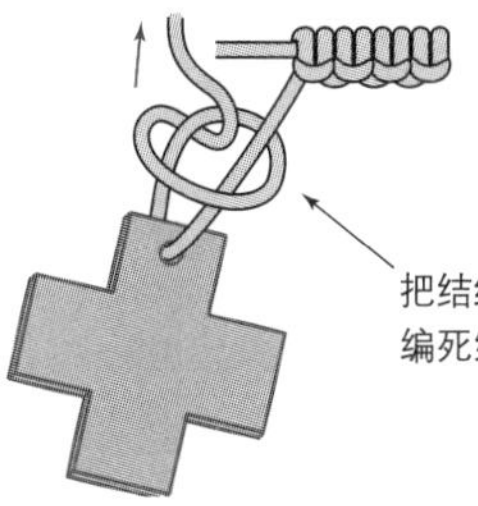

把结绳绳穿过十字架，编死结

55

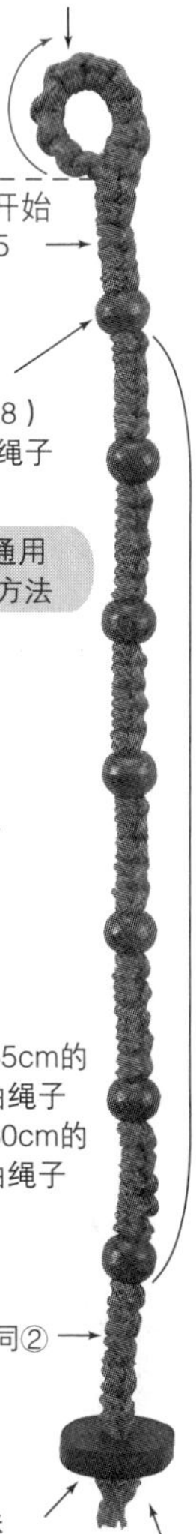

① 从离绳端30cm的地方对折，用长绳子编10个右雀头结，做成环（P14方法B）

开始

② 用长绳子编5个右雀头结

③ 把骨珠（AC1228）穿过2根绳子

54、55通用

① 开始的方法

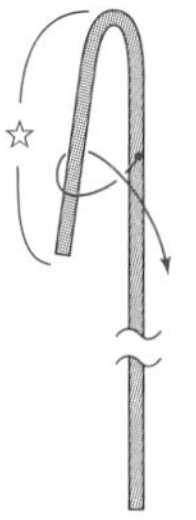

☆

☆ 54是在55cm的地方弯曲绳子
55是在30cm的地方弯曲绳子

④ 重复②、③6次

⑤ 同②

⑥ 把骨珠（AC1232）穿过2根绳子

⑦ 2根绳子编单结

58

开始

③ 把所有的绳子挂在手机挂件上，编聚合结2cm（P29），剪掉所有绳端

① 如图所示把3根绳子挂在手机挂件上，分别在中央对折

② 在离手机挂件约1.5cm的地方，编65cm并列平结

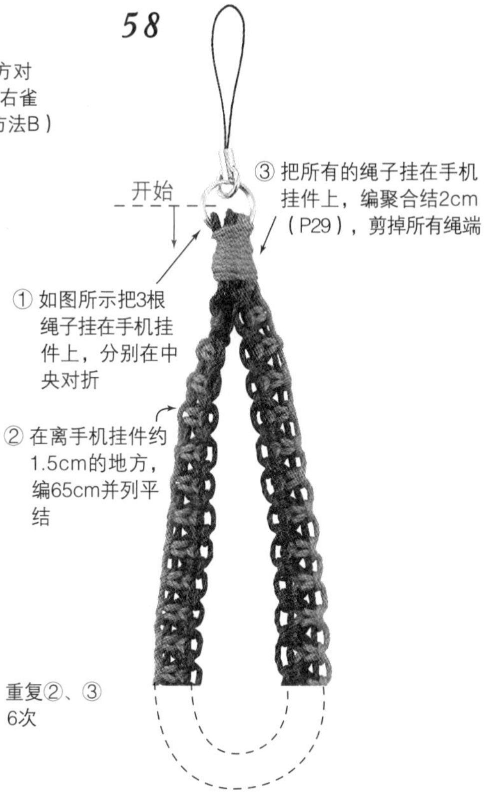

① 开始的绳子的位置

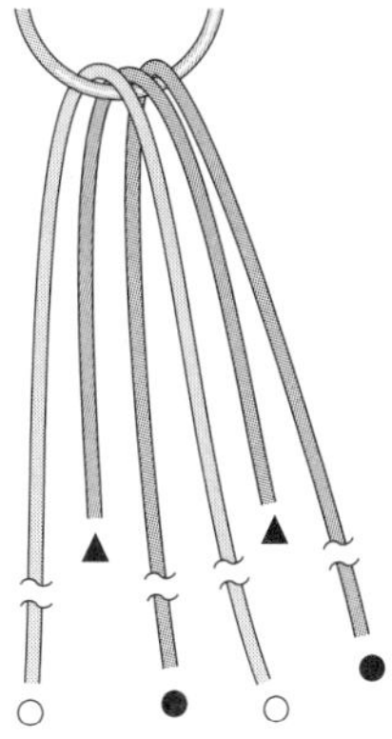

○：品红色
●：450cm长的紫色
▲：180cm长的紫色

123

66 耳环 P44

[材料]

麻线（细）民族风段染（372）60cm 4根、15cm 4根

羽毛（AC1289）2根

铜珠 （AC1138）2颗

金属扣 （S1023）2个

直径5mm的圆环 4个

金属耳钩 1组

[尺寸]

长11.5cm（麻的部分9cm）

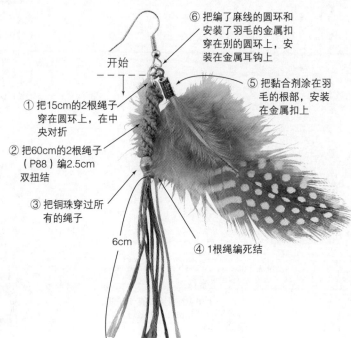

开始

⑥把编了麻线的圆环和安装了羽毛的金属扣穿在别的圆环上，安装在金属耳钩上

⑤把黏合剂涂在羽毛的根部，安装在金属扣上

①把15cm的2根绳子穿在圆环上，在中央对折

②把60cm的2根绳子（P88）编2.5cm双扭结

③把铜珠穿过所有的绳子

④1根绳编死结

6cm

70 簪子 P47

[材料]

麻线（细）白色（321）90cm 2根、70cm 2根

废弃回收丝绸纱线 30cm 3根

天然石 （AC802）10个

卡伦银 （AC793）1个

贝壳 （AC1283）3个

圆环 （G1017）2个

金属簪子（市售）1根

[尺寸]

长14.5cm

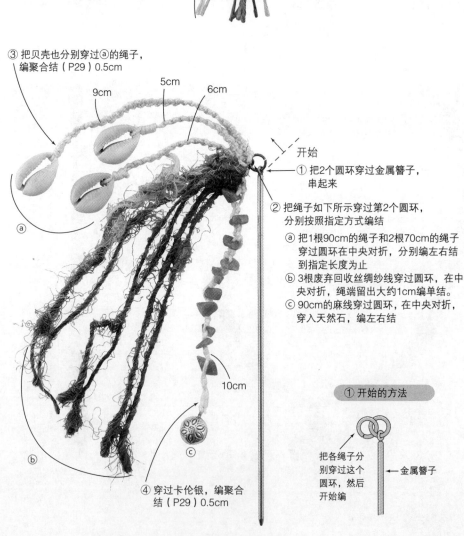

③把贝壳也分别穿过ⓐ的绳子，编聚合结（P29）0.5cm

9cm   5cm   6cm

ⓐ

开始

①把2个圆环穿过金属簪子，串起来

②把绳子如下所示穿过第2个圆环，分别按照指定方式编

ⓐ 把1根90cm的绳子和2根70cm的绳子穿过圆环在中央对折，分别编左右结到指定长度为止

ⓑ 3根废弃回收丝绸纱线穿过圆环，在中央对折，绳端留出大约1cm编单结。

ⓒ 90cm的麻线穿过圆环，在中央对折，穿入天然石，编左右结

10cm

ⓑ

ⓒ

④穿过卡伦银，编聚合结（P29）0.5cm

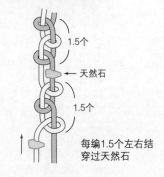

②ⓒ 天然石的穿法

1.5个

天然石

1.5个

每编1.5个左右结穿过天然石

① 开始的方法

把各绳子分别穿过这个圆环，然后开始编

金属簪子

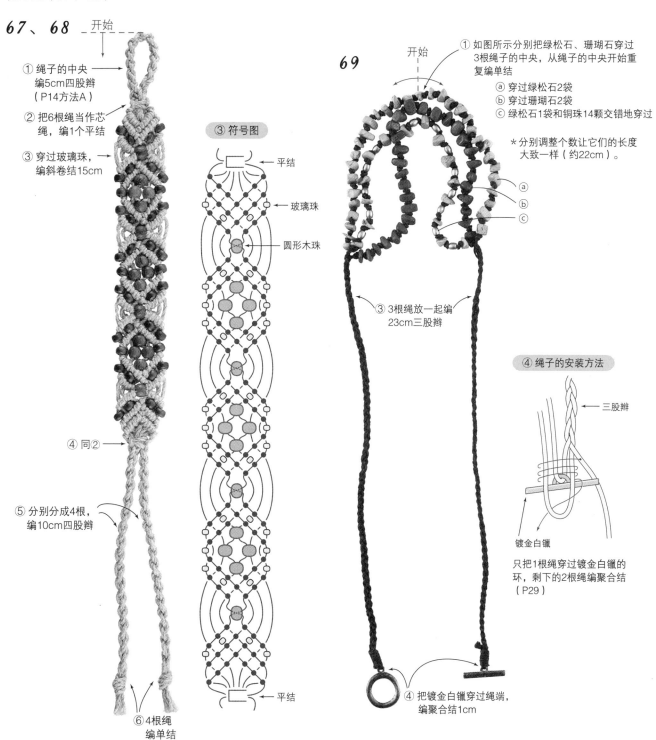

67、68 手链　P45

[材料]

67 圆形木珠6mm（W583）16颗
玻璃珠（AC910）38颗

68 圆形木珠6mm（W582）16颗
玻璃珠（AC908）38颗

67、68通用…麻线（中粗）　原色（361）210cm　4根

[尺寸]

长30cm（**67、68**）

67、68
开始

① 绳子的中央
编5cm四股辫
（P14方法A）

② 把6根绳当作芯
绳，编1个平结

③ 穿过玻璃珠，
编斜卷结15cm

④ 同②

⑤ 分别分成4根，
编10cm四股辫

⑥ 4根绳
编单结

③ 符号图

←平结
←玻璃珠
←圆形木珠
←平结

69　项链　P46

[材料]

麻线（中粗）　深褐色（324）140cm　3根
绿松石（AC405）3袋　珊瑚石（AC804）2袋
铜珠（AC1136）14颗
镀金白鑞（AC1271）1组

[尺寸]

长70cm

69
开始

① 如图所示分别把绿松石、珊瑚石穿过
3根绳子的中央，从绳子的中央开始重
复编单结

ⓐ 穿过绿松石2袋
ⓑ 穿过珊瑚石2袋
ⓒ 绿松石1袋和铜珠14颗交错地穿过

＊分别调整个数让它们的长度
大致一样（约22cm）。

ⓐ
ⓑ
ⓒ

③ 3根绳放一起编
23cm三股辫

④ 绳子的安装方法

←三股辫

镀金白鑞

只把1根绳穿过镀金白鑞的
环，剩下的2根绳编聚合结
（P29）

④ 把镀金白鑞穿过绳端，
编聚合结1cm

71、72手链 P48

[材料]

71 麻线（细）洋苏木色（344）200cm 3根
珍珠（AC705）10颗

72 麻线（细）原色（361）200cm 3根
珍珠（AC704）10颗

[尺寸]

长25cm（**71**、**72**）

73～75 戒指 P48

[材料]

73 紫水晶8mm（AC396）1颗

74 天河石8mm（AC392）1颗

75 粉水晶6mm（AC284）3颗

73～75通用…麻线（细） 原色（361）60cm 2根

[尺寸]

周长6cm（**73～75**）

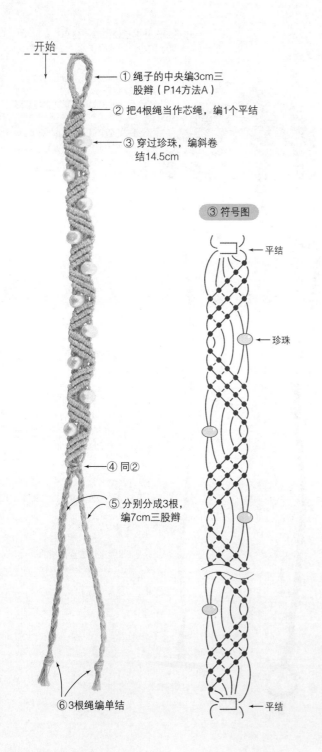

开始

① 绳子的中央编3cm三股辫（P14方法A）

② 把4根绳当作芯绳，编一个平结

③ 穿过珍珠，编斜卷结14.5cm

③ 符号图

平结

珍珠

④ 同②

⑤ 分别分成3根，编7cm三股辫

⑥3根绳编单结

平结

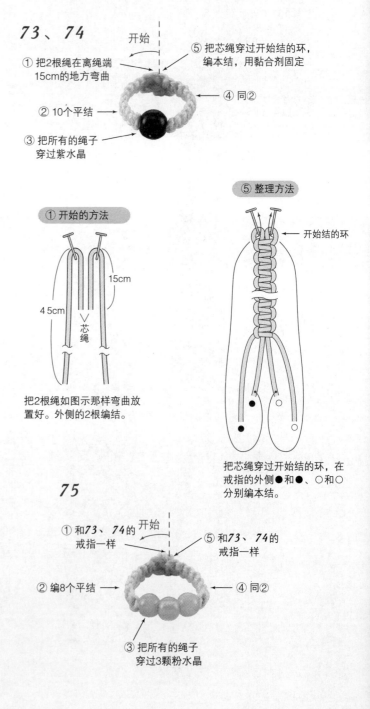

73、74

开始

① 把2根绳在离绳端15cm的地方弯曲

② 10个平结

③ 把所有的绳子穿过紫水晶

⑤ 把芯绳穿过开始结的环，编本结，用黏合剂固定

④ 同②

① 开始的方法

45cm

15cm

芯绳

把2根绳如图示那样弯曲放置好。外侧的2根编结。

⑤ 整理方法

开始结的环

把芯绳穿过开始结的环，在戒指的外侧●和●、○和○分别编本结。

75

① 和**73**、**74**的戒指一样

开始

⑤ 和**73**、**74**的戒指一样

② 编8个平结

④ 同②

③ 把所有的绳子穿过3颗粉水晶

77 长项链 P49

[材料]

麻线（细） 黑色（326）370cm 2根、150cm 2根

天然石（AC808）32颗

铜珠（AC1140）6颗

椭圆形贝壳吊坠（AC013）、贝壳扣（AC022）各1个

[尺寸]

周长 最长84cm

78 手链 P49

[材料]

麻线（细） 黑色（326）150cm 3根

铜珠（AC1133）54颗、（AC1142）1颗

[尺寸]

长19cm

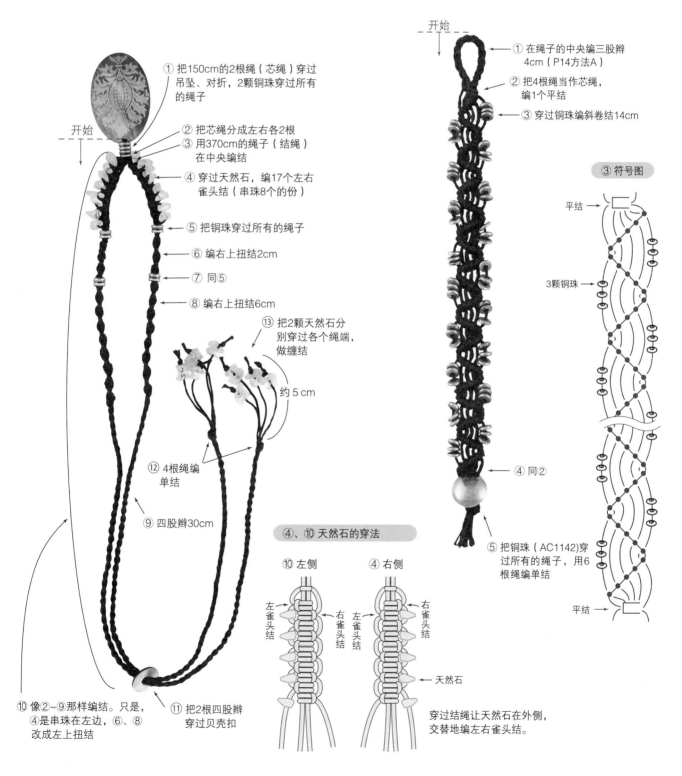

① 把150cm的2根绳（芯绳）穿过吊坠、对折，2颗铜珠穿过所有的绳子

② 把芯绳分成左右各2根

③ 用370cm的绳子（结绳）在中央编结

④ 穿过天然石，编17个左右雀头结（串珠8个的份）

⑤ 把铜珠穿过所有的绳子

⑥ 编右上扭结2cm

⑦ 同⑤

⑧ 编右上扭结6cm

⑬ 把2颗天然石分别穿过各个绳端，做缠结

约5 cm

⑫ 4根绳编单结

⑨ 四股辫30cm

⑩ 像②~⑨那样编结。只是，④是串珠在左边，⑥、⑧改成左上扭结

⑪ 把2根四股辫穿过贝壳扣

开始

① 在绳子的中央编三股辫4cm（P14方法A）

② 把4根绳当作芯绳，编1个平结

③ 穿过铜珠编斜卷结14cm

③ 符号图

平结

3颗铜珠

④ 同②

⑤ 把铜珠（AC1142)穿过所有的绳子，用6根绳编单结

平结

④、⑩ 天然石的穿法

⑩ 左侧   ④ 右侧

左雀头结 右雀头结   左雀头结 右雀头结

天然石

穿过结绳让天然石在外侧，交替地编左右雀头结。

127

79 项链 P50

[材料]

麻线（中粗） 黑色（326）380cm 1根

长形串珠绳 黑色x银色（AC1424）1根

玛瑙（AC402）4袋

白镴（AC469）1个

[尺寸]

长81cm

80~82 套索 P51

[材料]

*80*麻线（细） 紫色（332）200cm 2根

镀金白镴（AC434）4个、（AC443）1个

6mm圆形串珠（AC285）2颗

*81*麻线（细） 深红色（334）200cm 2根

镀金白镴（AC434）3个、（AC438）2个

珍珠（AC706）2颗

*82*麻线（细） 绿色（331）200cm 2根

镀金白镴（AC434）3个、（AC438）2个

珍珠（AC706）2颗

[尺寸]

长75cm（*80*~*82*）

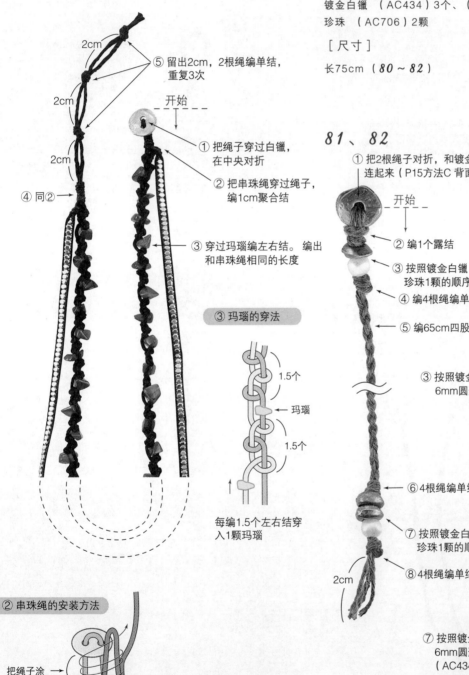

81、*82*

① 把2根绳子对折，和镀金白镴（AC438）连起来（P15方法C 背面当正面）

开始

② 编1个露结

③ 按照镀金白镴（AC434）1个、珍珠1颗的顺序穿入

④ 编4根绳编单结

⑤ 编65cm四股辫

⑥ 4根绳编单结

⑦ 按照镀金白镴（AC434）2个、珍珠1颗的顺序穿过

⑧ 4根绳编单结

2cm

80

① 把2根绳子对折，和镀金白镴（AC443）连起来（P15方法C 背面改正面）

开始

② 编1个露结

③ 按照镀金白镴（AC434）1个、6mm圆形串珠1颗的顺序穿过

④ 4根绳编单结

⑤ 65cm四股辫

⑥ 4根绳编单结

⑦ 按照镀金白镴（AC434）2个、6mm圆形串珠1颗、镀金白镴（AC434）1个的顺序穿过

⑧ 4根绳编单结

（左侧项链图示说明）

2cm

⑤ 留出2cm，2根绳编单结，重复3次

2cm

2cm

开始

④ 同②

① 把绳子穿过白镴，在中央对折

② 把串珠绳穿过绳子，编1cm聚合结

③ 穿过玛瑙编左右结。编出和串珠绳相同的长度

③ 玛瑙的穿法

1.5个

玛瑙

1.5个

每编1.5个左右结穿入1颗玛瑙

② 串珠绳的安装方法

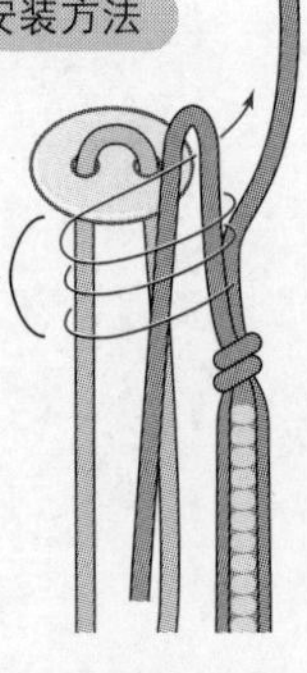

把绳子涂上黏合剂

把串珠绳的一头的绳端弯曲，靠在麻绳边，另一头的绳端缠绕1cm。用和聚合结一样的要领把绳端放到环里面，拉下面的绳子，拉紧（P29）

89 钱包绳 P56

[材料]
麻线（粗） 原色（361）260cm 1根、30cm 3根
2.5mm深褐色皮革绳（504）130cm 2根
白镴（AC1266）2个、（AC1305）1个
骨珠（AC1224）7颗
钥匙扣（G1021）、钥匙圈（G1020）各1个

[尺寸]
长53cm（麻的部分是45cm）

83 眼镜绳 P52

[材料]
麻线（中粗） 原色（361）180cm 4根
圆形木珠 直径6mm（W581）12颗、圆形木珠 直径12mm
（W601）1颗
枣形木珠22mmx5mm
圆形木珠（W621）4颗
圆形木珠（W561）1颗
圆形彩色木珠 直径8mm（CW595）8颗
木环 40mmx30mm（MA2236）1个

[尺寸]
周长 最长73cm

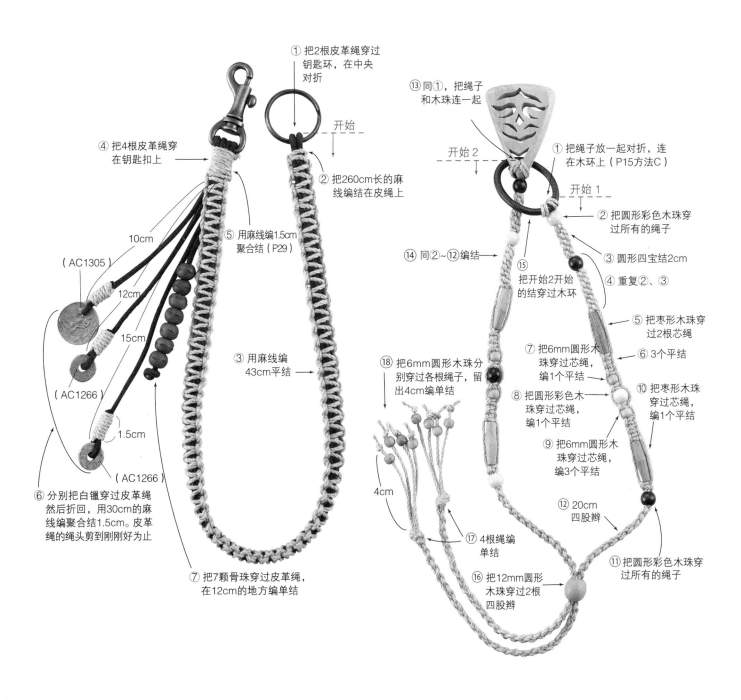

① 把2根皮革绳穿过钥匙环，在中央对折

④ 把4根皮革绳穿在钥匙扣上

② 把260cm长的麻线编结在皮绳上

⑤ 用麻线编1.5cm聚合结（P29）

10cm

（AC1305）

12cm

15cm

（AC1266）

1.5cm

（AC1266）

③ 用麻线编43cm平结

⑥ 分别把白镴穿过皮革绳然后折回，用30cm的麻线编聚合结1.5cm。皮革绳的绳头剪到刚刚好为止

⑦ 把7颗骨珠穿过皮革绳，在12cm的地方编单结

⑬ 同①，把绳子和木珠连一起

① 把绳子放一起对折，连在木环上（P15方法C）

开始2

开始1

② 把圆形彩色木珠穿过所有的绳子

③ 圆形四宝结2cm

④ 重复②、③

⑭ 同②~⑫编结

⑮ 把开始2开始的结穿过木环

⑤ 把枣形木珠穿过2根芯绳

⑦ 把6mm圆形木珠穿过芯绳，编1个平结

⑥ 3个平结

⑧ 把圆形彩色木珠穿过芯绳，编1个平结

⑩ 把枣形木珠穿过芯绳，编1个平结

⑨ 把6mm圆形木珠穿过芯绳，编3个平结

⑱ 把6mm圆形木珠分别穿过各根绳子，留出4cm编单结

4cm

⑰ 4根绳编单结

⑯ 把12mm圆形木珠穿过2根四股辫

⑫ 20cm四股辫

⑪ 把圆形彩色木珠穿过所有的绳子

84 腰带　P53

[材料]

麻线（细）　黑色（569）500cm 4根
蓝绿色玻璃珠8mm（AC295）17颗
棕色木环　40mm×30mm（MA2236）1个

[尺寸]

长105cm（麻的部分102cm）

87 戒指　P54

[材料]

麻线（细）　暗黄绿色（323）100cm 3根
松散念珠（铁型）金色（AC1433）9颗

[尺寸]

周长6.5cm

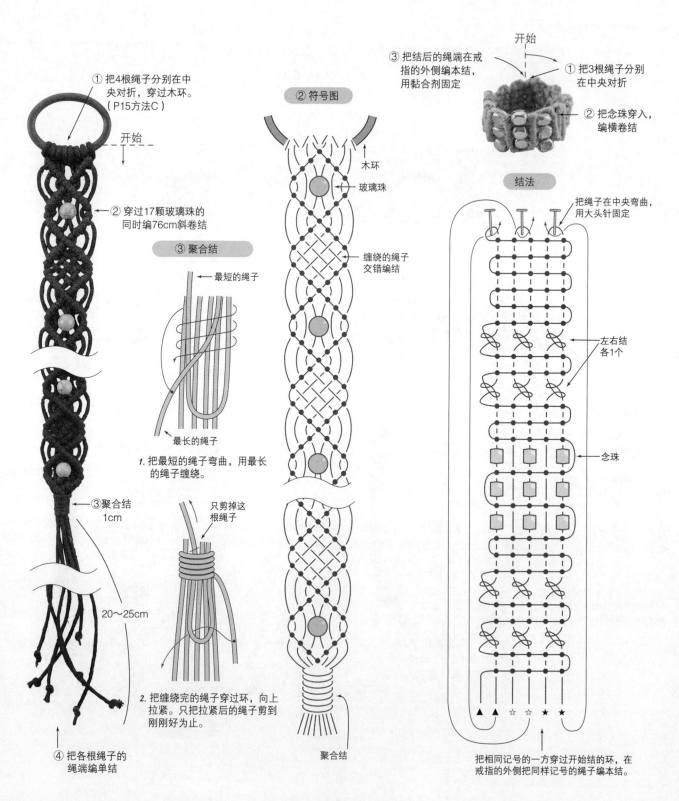

① 把4根绳子分别在中央对折，穿过木环。（P15方法C）

开始

② 穿过17颗玻璃珠的同时编76cm斜卷结

③聚合结

② 符号图

木环

玻璃珠

③ 聚合结

最短的绳子

最长的绳子

1. 把最短的绳子弯曲，用最长的绳子缠绕。

③聚合结 1cm

只剪掉这根绳子

缠绕的绳子交错编结

20～25cm

2. 把缠绕完的绳子穿过环，向上拉紧。只把拉紧后的绳子剪到刚刚好为止。

④ 把各根绳子的绳端编单结

聚合结

③ 把结后的绳端在戒指的外侧编本结，用黏合剂固定

开始

① 把3根绳子分别在中央对折

② 把念珠穿入，编横卷结

结法

把绳子在中央弯曲，用大头针固定

左右结各1个

念珠

▲ ▲ ☆ ☆ ★ ★

把相同记号的一方穿过开始结的环，在戒指的外侧把同样记号的绳子编本结。

130

92、93挂件 P57

[材料]

92麻线（细）　藏蓝色（348）100cm 2根
卡伦银（AC776）7个

93麻线（细）　深褐色（324）100cm 2根
铜珠（AC1138）5颗

92、93通用…用于iPhone的耳机塞、AS圆环（S1018）
各1个

[尺寸]

长17.5cm（麻的部分16cm）（**92**、**93**）

94、95手链 P57

[材料]

94麻线（细）　藏蓝色（348）100cm 4根
卡伦银（AC776）10个

95麻线（细）　深褐色（324）100cm 4根
铜珠（AC1138）10颗

[尺寸]

长33cm（**94**、**95**）

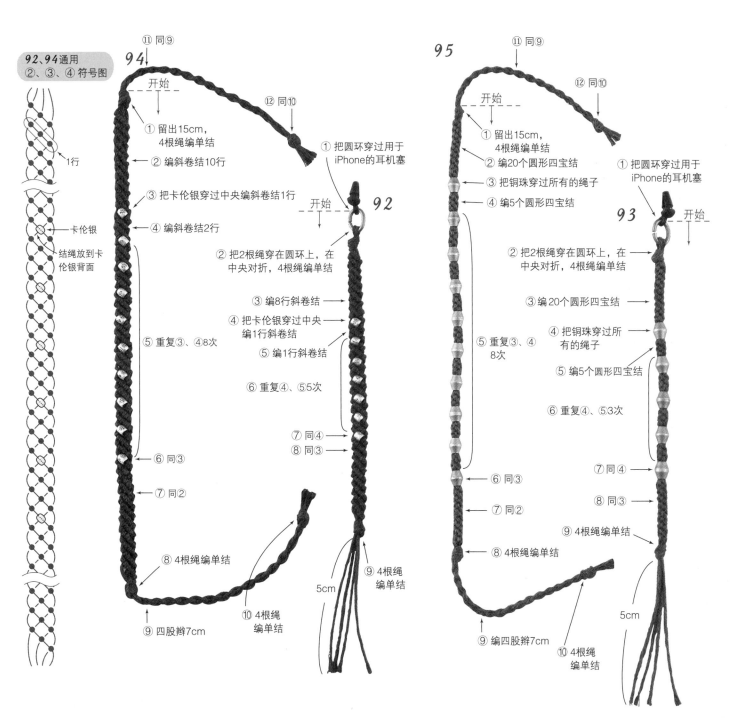

92、94通用
②、③、④符号图

←1行

←卡伦银

←结绳放到卡伦银背面

94
⑪ 同⑨
开始
⑫ 同⑩
① 留出15cm，4根绳编单结
② 编斜卷结10行
③ 把卡伦银穿过中央编斜卷结1行
④ 编斜卷结2行
⑤ 重复③、④8次
⑥ 同③
⑦ 同②
⑧ 4根绳编单结
⑨ 四股辫7cm
⑩ 4根绳编单结

92
① 把圆环穿过用于iPhone的耳机塞
开始
② 把2根绳穿在圆环上，在中央对折，4根绳编单结
③ 编8行斜卷结
④ 把卡伦银穿过中央编1行斜卷结
⑤ 编1行斜卷结
⑥ 重复④、⑤5次
⑦ 同④
⑧ 同③
⑨ 4根绳编单结
5cm

95
⑪ 同⑨
开始
⑫ 同⑩
① 留出15cm，4根绳编单结
② 编20个圆形四宝结
③ 把铜珠穿过所有的绳子
④ 编5个圆形四宝结
⑤ 重复③、④8次
⑥ 同③
⑦ 同②
⑧ 4根绳编单结
⑨ 编四股辫7cm
⑩ 4根绳编单结

93
① 把圆环穿过用于iPhone的耳机塞
开始
② 把2根绳穿在圆环上，在中央对折，4根绳编单结
③ 编20个圆形四宝结
④ 把铜珠穿过所有的绳子
⑤ 编5个圆形四宝结
⑥ 重复④、⑤3次
⑦ 同④
⑧ 同③
⑨ 4根绳编单结
5cm

96、97项链 P58

[材料]

96 麻线（细） 深褐色（324）240cm 1根、120cm 2根
不锈钢丝0.6mm

镀金白镴（711）240cm 1个

镀金白镴 （AC439）、（AC435）各1根

97 麻线（细） 黑色（326）240cm 1根、120cm 2根
不锈钢丝0.6mm

镀银白镴（712）240cm 1个

镀银白镴（AC1304）、（AC1257）各1个

[尺寸]

从绳端到顶端长38cm（**96、97**）

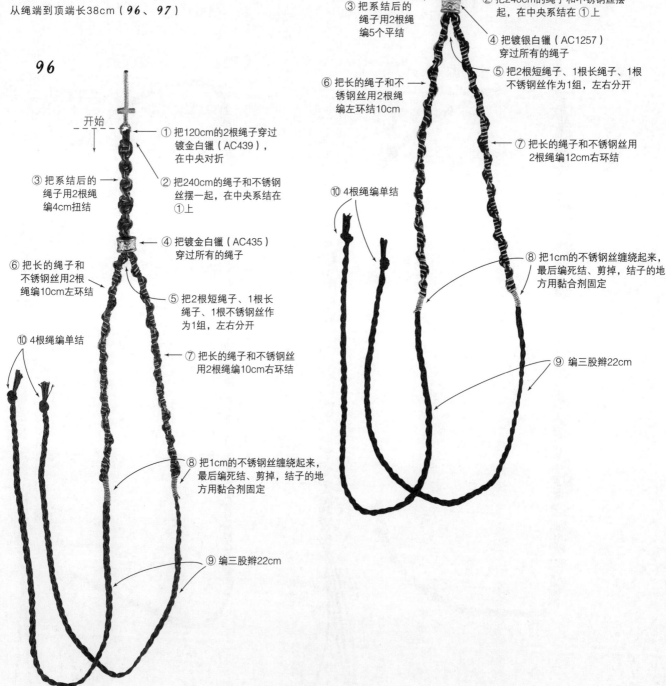

96

开始

① 把120cm的2根绳子穿过
镀金白镴（AC439），
在中央对折

② 把240cm的绳子和不锈钢
丝摆一起，在中央系结在
①上

③ 把系结后的
绳子用2根绳
编4cm扭结

④ 把镀金白镴（AC435）
穿过所有的绳子

⑤ 把2根短绳子、1根长
绳子、1根不锈钢丝作
为1组，右右分开

⑥ 把长的绳子和
不锈钢丝用2根
绳编10cm左环结

⑦ 把长的绳子和不锈钢丝
用2根绳编10cm右环结

⑩ 4根绳编单结

⑧ 把1cm的不锈钢丝缠绕起来，
最后编死结、剪掉，结子的地
方用黏合剂固定

⑨ 编三股辫22cm

97

开始

① 把120cm的2根绳子穿过
镀银白镴（AC1304），
在中央对折

③ 把系结后的
绳子用2根绳
编5个平结

② 把240cm的绳子和不锈钢丝摆一
起，在中央系结在①上

④ 把镀银白镴（AC1257）
穿过所有的绳子

⑤ 把2根短绳子、1根长绳子、1根
不锈钢丝作为1组，左右分开

⑥ 把长的绳子和不
锈钢丝用2根绳
编左环结10cm

⑦ 把长的绳子和不锈钢丝用
2根绳编12cm右环结

⑩ 4根绳编单结

⑧ 把1cm的不锈钢丝缠绕起来，
最后编死结、剪掉，结子的地
方用黏合剂固定

⑨ 编三股辫22cm

132

99 项链　P59

[材料]

麻线（中粗）原色（361）和洋苏木色（344）各160cm 2根、
80cm 1根

白镴（AC495）1个

[尺寸]

长60cm

100 手链　P59

[材料]

麻线（中粗）原色（361）和洋苏木色（344）

各90cm 2根、60cm 1根

[尺寸]

长37cm

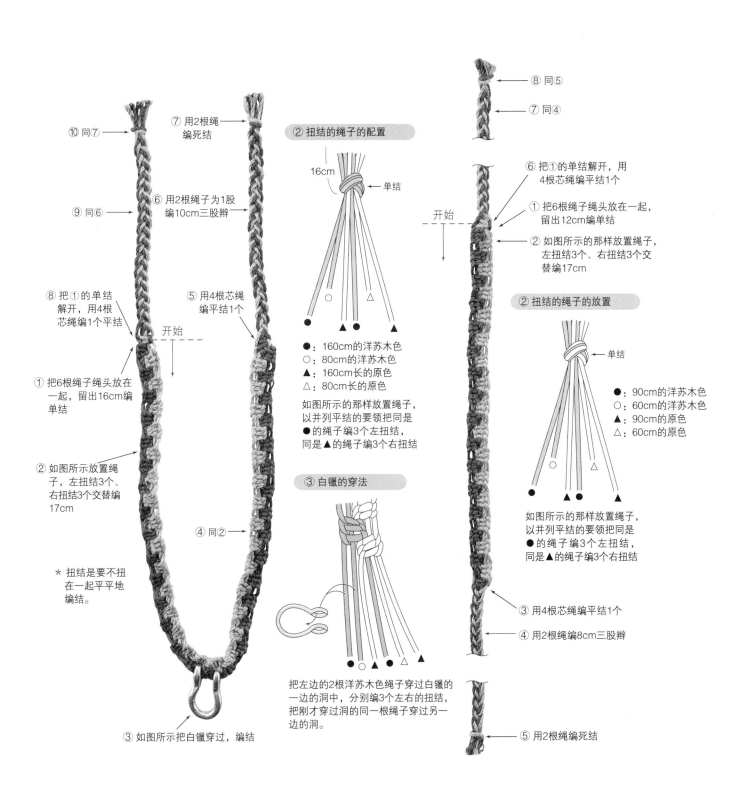

⑩ 同⑦

⑦ 用2根绳
编死结

⑨ 同⑥

⑥ 用2根绳子为1股
编10cm三股辫

⑧ 把①的单结
解开，用4根
芯绳编1个平结

开始

① 把6根绳子绳头放在
一起，留出16cm编
单结

⑤ 用4根芯绳
编平结1个

② 如图所示放置绳
子，左扭结3个、
右扭结3个交替编
17cm

④ 同②

＊ 扭结是要不扭
在一起平平地
编结。

③ 如图所示把白镴穿过，编结

② 扭结的绳子的配置

16cm

单结

●：160cm的洋苏木色
○：80cm的洋苏木色
▲：160cm长的原色
△：80cm长的原色

如图所示的那样放置绳子，
以并列平结的要领把同是
●的绳子编3个左扭结，
同是▲的绳子编3个右扭结

③ 白镴的穿法

● ○ ▲ △ ▲

把左边的2根洋苏木色绳子穿过白镴的
一边的洞中，分别编3个左右的扭结，
把刚才穿过洞的同一根绳子穿过另一
边的洞。

⑧ 同⑤

⑦ 同④

⑥ 把①的单结解开，用
4根芯绳编平结1个

① 把6根绳子绳头放在一起，
留出12cm编单结

② 如图所示的那样放置绳子，
左扭结3个、右扭结3个交
替编17cm

开始

② 扭结的绳子的放置

单结

●：90cm的洋苏木色
○：60cm的洋苏木色
▲：90cm的原色
△：60cm的原色

如图所示的那样放置绳子，
以并列平结的要领把同是
●的绳子编3个左扭结，
同是▲的绳子编3个右扭结

③ 用4根芯绳编平结1个

④ 用2根绳编8cm三股辫

⑤ 用2根绳编死结

85、86手镯 P54

[材料]

85麻线（中粗） 浅蓝色（346）250cm 1根
串珠绳（铁型） 银色（AC1434）58个
弹簧（S1040）1个
（3圈约剪出60cm）

86麻线（细） 浅蓝色（346）350cm 1根
串珠绳（铁型） 银色（AC1434）49个
弹簧（S1040）1个
（3圈约剪出60cm）

[尺寸]

直径6cm（**85**、**86**）

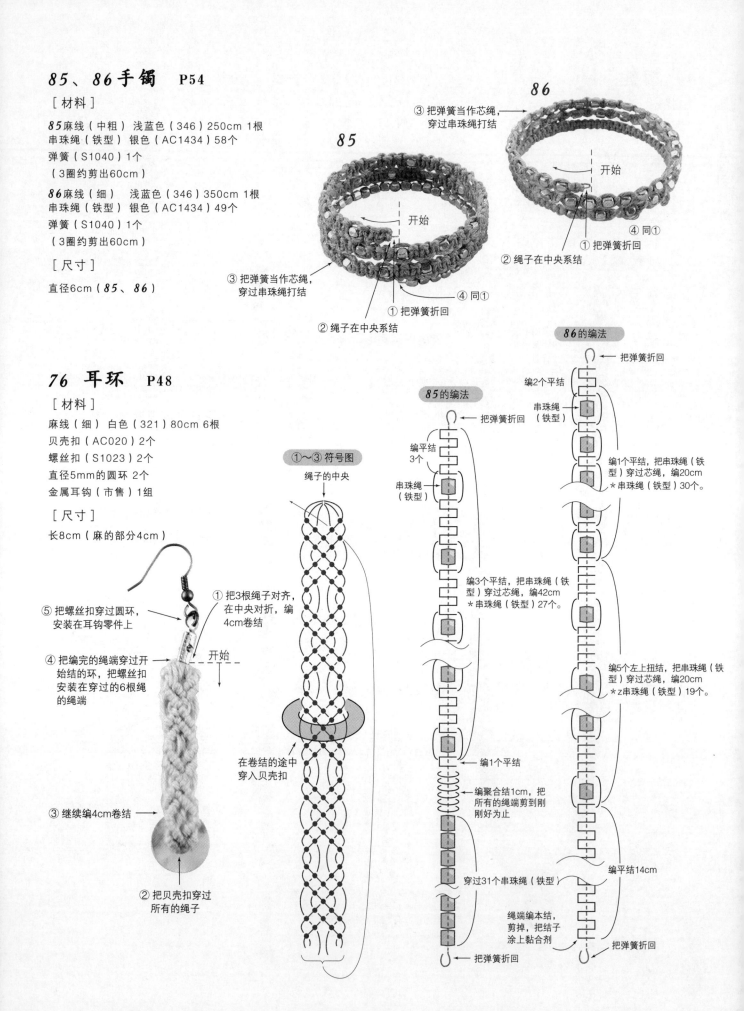

85

86

③把弹簧当作芯绳，
穿过串珠绳打结

④同①

①把弹簧折回

②绳子在中央系结

③把弹簧当作芯绳，
穿过串珠绳打结

④同①

①把弹簧折回

②绳子在中央系结

76 耳环 P48

[材料]

麻线（细） 白色（321）80cm 6根
贝壳扣（AC020）2个
螺丝扣（S1023）2个
直径5mm的圆环 2个
金属耳钩（市售）1组

[尺寸]

长8cm（麻的部分4cm）

⑤把螺丝扣穿过圆环，
安装在耳钩零件上

④把编完的绳端穿过开
始结的环，把螺丝扣
安装在穿过的6根绳
的绳端

③继续编4cm卷结

②把贝壳扣穿过
所有的绳子

①～③符号图

绳子的中央

①把3根绳子对齐，
在中央对折，编
4cm卷结

开始

在卷结的途中
穿入贝壳扣

85的编法

把弹簧折回

编平结
3个

串珠绳
（铁型）

编3个平结，把串珠（铁
型）穿过芯绳，编42cm
*串珠绳（铁型）27个。

编1个平结

编聚合结1cm，把
所有的绳端剪到刚
刚好为止

穿过31个串珠绳（铁型）

绳端编本结，
剪掉，把结子
涂上黏合剂

把弹簧折回

86的编法

把弹簧折回

编2个平结

串珠绳
（铁型）

编1个平结，把串珠绳（铁
型）穿过芯绳，编20cm
*串珠绳（铁型）30个。

编5个左上扭结，把串珠绳（铁
型）穿过芯绳，编20cm
*z串珠绳（铁型）19个。

编平结14cm

把弹簧折回

98 手链 P59

[材料]
麻线（细）洋苏木色（344）180cm 1根、30cm
1根
卡伦银（AC776）10个、（AC789）1组

[尺寸]
长22cm

59、60 发圈 P39

[材料]
59麻线（细）品红色（335）10m
废弃回收丝绸纱线10m

60麻线（细）白色（321）20m
玻璃珠（1394）100颗
珊瑚（AC1395）、勃艮第（AC1396）各25个

59、60通用…橡皮圈（市售）1个
钩针6/0号

[尺寸]
直径：59…12cm 60…13cm（橡皮圈的直径5cm）

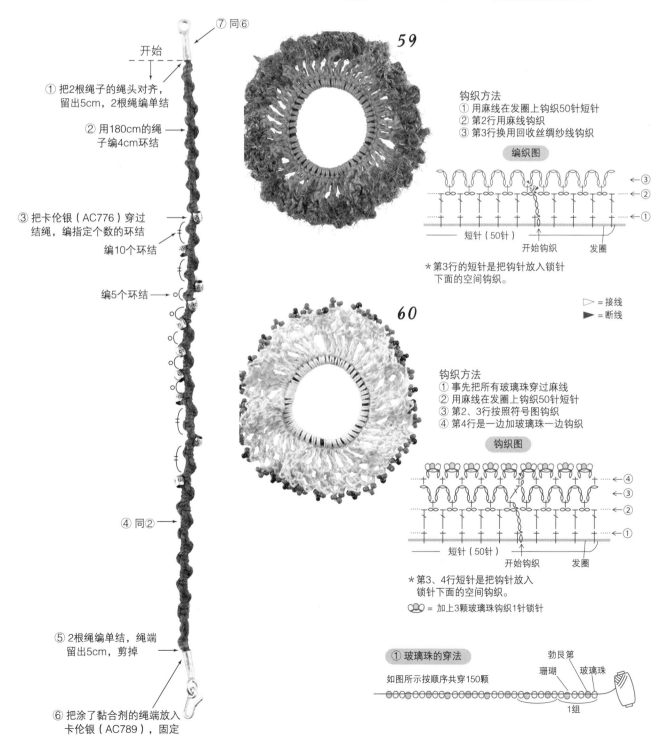

⑦同⑥
开始

① 把2根绳子的绳头对齐，
留出5cm，2根绳编单结

② 用180cm的绳
子编4cm环结

③ 把卡伦银（AC776）穿过
结绳，编指定个数的环结
编10个环结

编5个环结

④ 同②

⑤ 2根绳编单结，绳端
留出5cm，剪掉

⑥ 把涂了黏合剂的绳端放入
卡伦银（AC789），固定

59

钩织方法
① 用麻线在发圈上钩织50针短针
② 第2行用麻线钩织
③ 第3行换用回收丝绸纱线钩织

编织图

—— 短针（50针）
开始钩织 发圈

＊第3行的短针是把钩针放入锁针
下面的空间钩织。

▷ = 接线
► = 断线

60

钩织方法
① 事先把所有玻璃珠穿过麻线
② 用麻线在发圈上钩织50针短针
③ 第2、3行按照符号图钩织
④ 第4行是一边加玻璃珠一边钩织

钩织图

—— 短针（50针）
开始钩织 发圈

＊第3、4行短针是把钩针放入
锁针下面的空间钩织。
= 加上3颗玻璃珠钩织1针锁针

① 玻璃珠的穿法
如图所示按顺序共穿150颗
勃艮第
珊瑚 玻璃珠
1组

锁针

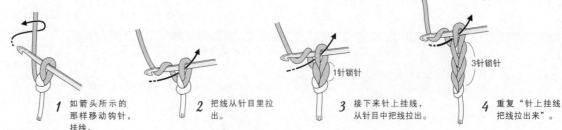

1 如箭头所示的那样移动钩针，挂线。

2 把线从针目里拉出。

3 接下来针上挂线，从针目中把线拉出。

1针锁针

4 重复"针上挂线，把线拉出来"。

3针锁针

引拔针

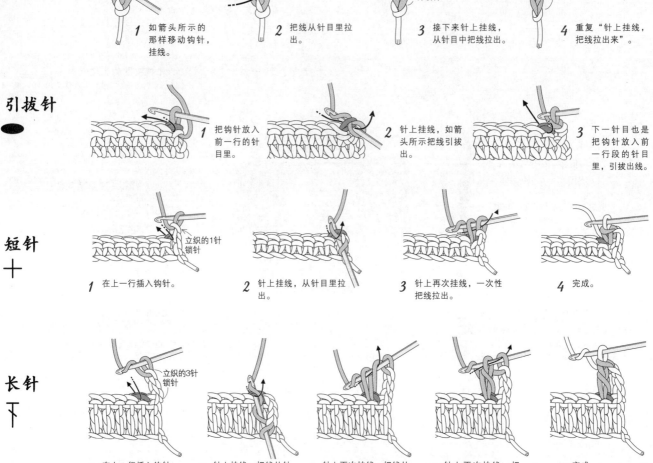

1 把钩针放入前一行的针目里。

2 针上挂线，如箭头所示把线引拔出。

3 下一针目也是把钩针放入前一行段的针目里，引拔出线。

短针

1 在上一行插入钩针。

立织的1针锁针

2 针上挂线，从针目里拉出。

3 针上再次挂线，一次性把线拉出。

4 完成。

长针

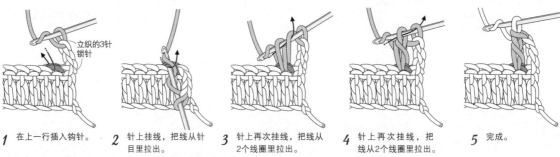

1 在上一行插入钩针。

立织的3针锁针

2 针上挂线，把线从针目里拉出。

3 针上再次挂线，把线从2个线圈里拉出。

4 针上再次挂线，把线从2个线圈里拉出。

5 完成。

把线编到发圈上的方法

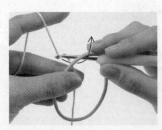

1 把钩针放入发圈里面，钩住绳子拉出。

2 再次钩住绳子，从钩针上的绳圈中拉出。

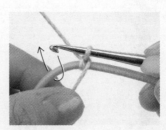

3 绕上绳子的样子。把针放入发圈里织短针。

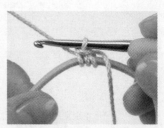

4 1针短针钩好的样子。之后，用同样的方法织短针。

锁针起针

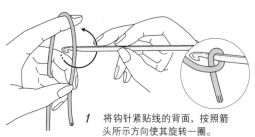
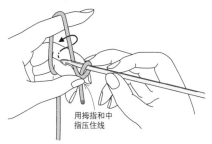

1 将钩针紧贴线的背面,按照箭头所示方向使其旋转一圈。

用拇指和中指压住线

2 按照箭头所示方向移动钩针,拉动线。

3 将线拉出。

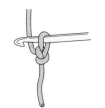

○ **锁针**

↓拉紧

4 拉紧绳端。

5 第1针钩织好了。这一针不算作1针。

6 按照箭头所示方向移动钩针,拉动线。

7 从针目中将线拉出,1针锁针就钩织好了。

1针锁针

8 重复步骤6、7,按照所需数量钩织必要的锁针。

5针

9 钩织好5针的示意图。

在手指上将线打卷成环

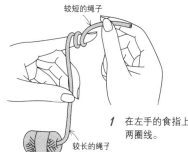

较短的绳子

较长的绳子

用拇指和中指压住

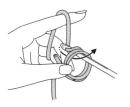

1 在左手的食指上绕两圈线。

2 将绕好的环从手指上取下,然后用左手拿住。

3 将钩针穿入环内,再将线拉出。

4 针上再挂线,一次把线拉出。

5 此为第1针。这一针不算作1针。

〈第1行的编织方法〉

1 针上挂线,将其拉出。

2 立织1针锁针。将钩针穿入环中。

3 针上挂线,将其拉出。

4 针上挂线,一次性引拔穿过2个线圈。

5 完成1针短针。同样照此钩织所需数目的针数。

轻轻拉动绳子,找出刚才那根可晃动的绳子

按照箭头所示方向拉动绳子

拉紧

2针锁针引拔出

引拔出

6 拉动已经钩好的绳端,找出刚才用来打卷成环的可晃动的绳子。

7 拉动那根可晃动的绳子,使环缩小。

8 拉动绳端,然后将钩织好的部分拉紧。

9 将钩针插入到最初的2针短针之间。

10 针上挂线,钩织引拔针。这样就完成了首层的钩织。

●引拔针

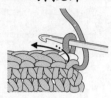
1 将钩针插入上一层钩织时的前2针。

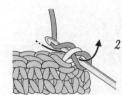
2 针上挂线，按照箭头所示方向引拔出。

3 第2针往后，还是将钩针插入前一行的前2针，针上挂线引拔出。

十 短针

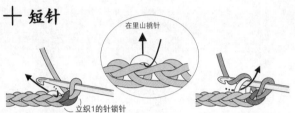

在里山挑针

立织1的针锁针

1 立织1针锁针，然后将钩针插入起针的里山中。

2 针上挂线，拉出。

3 针上再次挂线，然后从钩针上的2个线圈一次性引拔出。

4 钩织好了1针短针。此后同样将钩针插入锁针的里山后挑针钩织。

土 短针的条纹针

立织的1针锁针
引拔针

1 将钩针插入与前一行钩织起始处相反一侧的半针中。

引拔出线

2 针上挂线，钩织短针。

3 下一针还是将钩针插入到相反一侧的半针中，钩织短针。

⬥ 3针长针的枣形针

1 针上挂线，将钩针插入到一针的后侧。

2 针上挂线拉出，再针上挂线，从左侧的2个线圈引拔出。

3 将步骤1、2重复2次，在相同的位置钩完3针未完成的长针。

未完成的3针长针

4 针上挂线，将4个线圈一次引拔出。

5 这样就完成了3针长针的枣形针。

将绳子编到发圈上的方法

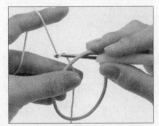
1 将钩针插入发圈中，钩住绳子，将其拉出。

2 再次钩住绳子，将其从钩针上挂着的绳子中拉出来。

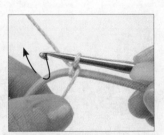
3 这样绳子就钩到发圈上了。将钩针插入发圈，钩织短针。

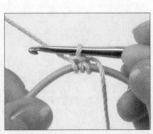
4 上图即为钩织好1针短针的示意图。此后同样，照此钩织短针。

101 斜卷结手链（Z字形）P62

［材料］

麻线（中粗）原色（361）120cm 3根
椰子壳串珠（MA 2224）1颗

［尺寸］

长21cm

102 圆形四宝结手链 P62

［材料］

麻线（中粗）原色（361）180cm 2根、20cm 1根
椰子壳串珠（MA 2224）1颗

［尺寸］

长21cm

103 平结手链 P62

［材料］

麻线（中粗）原色（361）180cm 1根、60cm 1根、20cm 1根
椰子壳串珠（MA 2224）1颗

［尺寸］

长21cm

104 雀头结手链 P62

［材料］

麻线（中粗）深蓝色段染（373）230cm 1根、原色
（361）60cm 2根
椰子壳串珠（MA 2224）1颗

［尺寸］

长21cm

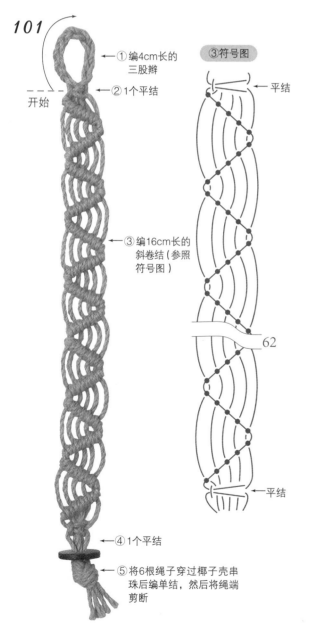

101

①编4cm长的三股辫

开始

②1个平结

③符号图

平结

62

平结

③编16cm长的斜卷结（参照符号图）

④1个平结

⑤将6根绳子穿过椰子壳串珠后编单结，然后将绳端剪断

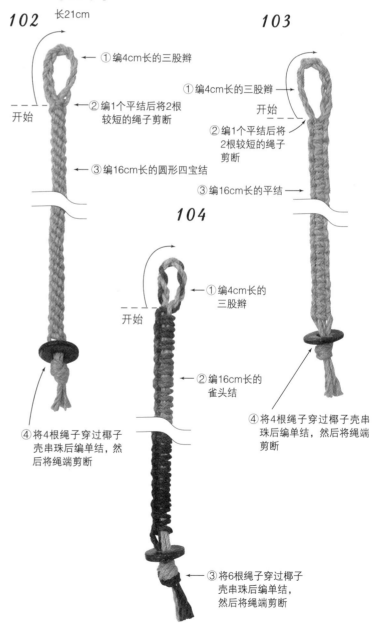

102

开始

①编4cm长的三股辫

②编1个平结后将2根较短的绳子剪断

③编16cm长的圆形四宝结

④将4根绳子穿过椰子壳串珠后编单结，然后将绳端剪断

103

①编4cm长的三股辫

开始

②编1个平结后将2根较短的绳子剪断

③编16cm长的平结

104

开始

①编4cm长的三股辫

②编16cm长的雀头结

③将6根绳子穿过椰子壳串珠后编单结，然后将绳端剪断

④将4根绳子穿过椰子壳串珠后编单结，然后将绳端剪断

105 环结手链 P62

[材料]

麻线（中粗）彩虹色段染（375）
270cm 1根，原色（361）60cm 2根
椰子壳串珠（MA 2224）1颗

[尺寸]

长21cm

107 方形四宝结手链 P63

[材料]

麻线（中粗）原色（361）180cm 1根、
20cm 1根，紫色（332）180cm 1根
椰子壳串珠（MA 2224）1颗

[尺寸]

长21cm

109 并列平结手链 P63

[材料]

麻线（中粗）浅绿色（336）、蓝绿色（330）
各140cm 1根，原色（361）60cm 1根
椰子壳串珠（MA2224）1颗

[尺寸]

长21cm

106 扭结手链 P62

[材料]

麻线（中粗）原色（361）
180cm 1根、60cm 1根、20cm 1根
椰子壳串珠（MA 2224）1颗

[尺寸]

长21cm

108 双扭结手链 P63

[材料]

麻线（中粗）黄色（327）、绿色（331）各170cm 1根，
原色（361）60cm 1根
椰子壳串珠（MA 2224）1颗

[尺寸]

长21cm

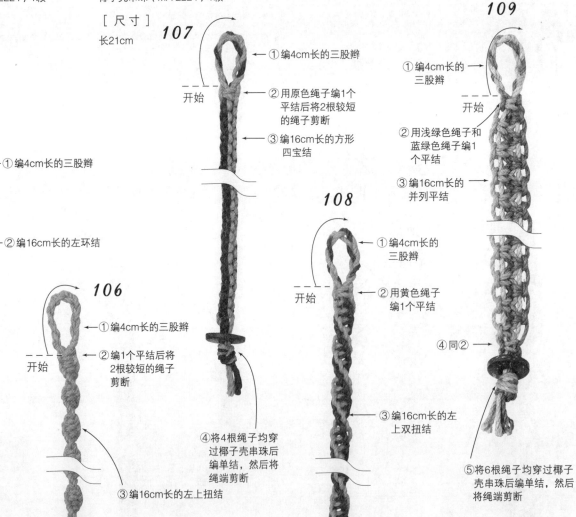

105

①编4cm长的三股辫

开始

②编16cm长的左环结

③将6根绳子均穿过椰子壳串珠后编单结，然后将绳端剪断

106

①编4cm长的三股辫

②编1个平结后将2根较短的绳子剪断

开始

③编16cm长的左上扭结

④将4根绳子均穿过椰子壳串珠后编单结，然后将绳端剪断

107

①编4cm长的三股辫

开始

②用原色绳子编1个平结后将2根较短的绳子剪断

③编16cm长的方形四宝结

④将4根绳子均穿过椰子壳串珠后编单结，然后将绳端剪断

108

①编4cm长的三股辫

开始

②用黄色绳子编1个平结

③编16cm长的左上双扭结

④将6根绳子均穿过椰子壳串珠后编单结，然后将绳端剪断

109

①编4cm长的三股辫

开始

②用浅绿色绳子和蓝绿色绳子编1个平结

③编16cm长的并列平结

④同②

⑤将6根绳子均穿过椰子壳串珠后编单结，然后将绳端剪断

110 斜卷结（菱形）手链　P63

[材料]

麻线（中粗）原色（361）150cm 2根，红色（329）150cm 1根
椰子壳串珠（MA 2224）1颗

[尺寸]

长21cm

111 斜卷结（平行）手链　P63

[材料]

麻线（中粗）黄色（327）、红色（329）、绿色（331）各200cm1根
椰子壳串珠（MA 2224）1颗

[尺寸]

长21cm

116 斜卷结（菱形）天然石手链　P64

[材料]

麻线（中粗）原色（361）150cm 3根
绿色纯天然石6mm（AC 287）11颗
椰子壳串珠（MA 2224）1颗

[尺寸]

长21cm

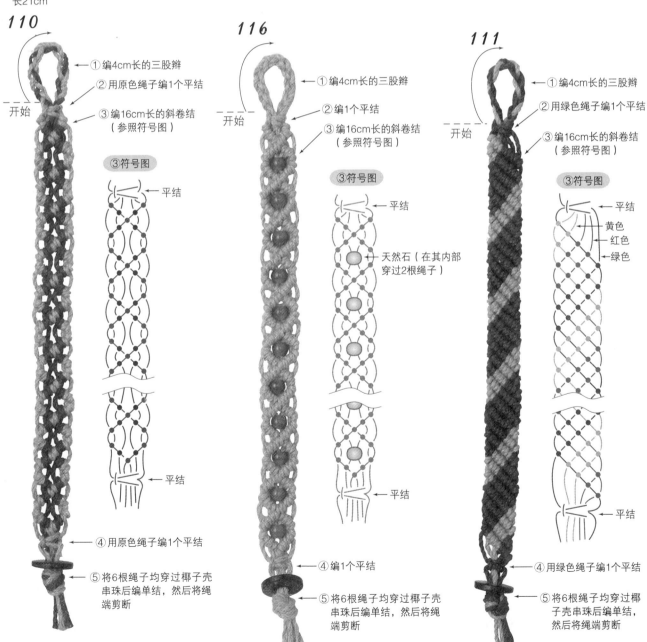

110

①编4cm长的三股辫
②用原色绳子编1个平结
③编16cm长的斜卷结
（参照符号图）

开始

③符号图

平结

④用原色绳子编1个平结

⑤将6根绳子均穿过椰子壳
串珠后编单结，然后将绳
端剪断

116

①编4cm长的三股辫
②编1个平结
③编16cm长的斜卷结
（参照符号图）

开始

③符号图

平结

天然石（在其内部
穿过2根绳子）

平结

④编1个平结

⑤将6根绳子均穿过椰子壳
串珠后编单结，然后将绳
端剪断

111

①编4cm长的三股辫
②用绿色绳子编1个平结
③编16cm长的斜卷结
（参照符号图）

开始

③符号图

平结
黄色
红色
绿色

平结

④用绿色绳子编1个平结

⑤将6根绳子均穿过椰
子壳串珠后编单结，
然后将绳端剪断

112 交叉双扭结手链　P63

[材料]

麻线（中粗）原色（361）170cm 1根、60cm 1根
橙色（328）170cm 1根
椰子壳串珠（MA 2224）1颗

[尺寸]

长21cm

119 平结脚链　P64

[材料]

麻线（中粗）原色（361）150cm 1根、200cm 1根，
品红色（335）150cm 1根
椰子壳串珠（MA 2224）1颗

[尺寸]

长21cm

115 扭结红玉髓手链　P64

[材料]

麻线（中粗）茜草色（343）180cm 1根、60cm 1根、20cm 1根
6mm红玉髓（AC 282）4颗，8mm红玉髓（AC 292）1颗
椰子壳串珠（MA 2224）1颗

[尺寸]

长21cm

117 平结玻璃串珠手链　P64

[材料]

麻线（中粗）深褐色（324）180cm 1根、60cm 1根
铜珠(AC 1140) 6颗
椰子壳串珠（MA 2224）1颗

[尺寸]

长21cm

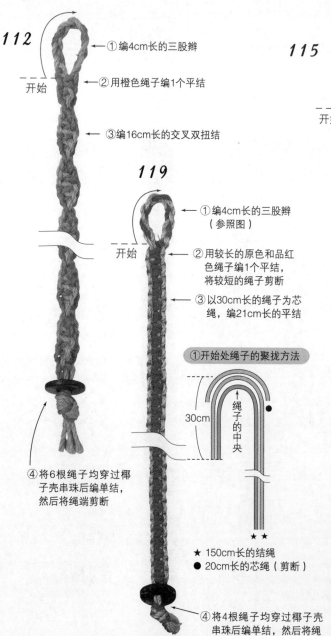

112

112
① 编4cm长的三股辫
开始
② 用橙色绳子编1个平结
③ 编16cm长的交叉双扭结

119

① 编4cm长的三股辫（参照图）
开始
② 用较长的原色和品红色绳子编1个平结，将较短的绳子剪断
③ 以30cm长的绳子为芯绳，编21cm长的平结

① 开始处绳子的聚拢方法

30cm
绳子的中央

★150cm长的结绳
●20cm长的芯绳（剪断）

④ 将6根绳子均穿过椰子壳串珠后编单结，然后将绳端剪断

④ 将4根绳子均穿过椰子壳串珠后编单结，然后将绳端剪断

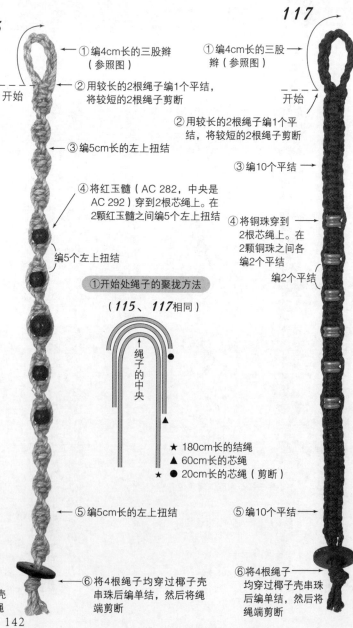

115

① 编4cm长的三股辫（参照图）
开始
② 用较长的2根绳子编1个平结，将较短的2根绳子剪断
③ 编5cm长的左上扭结
④ 将红玉髓（AC 282，中央是AC 292）穿到2根芯绳上。在2颗红玉髓之间编5个左上扭结
编5个左上扭结

① 开始处绳子的聚拢方法
（**115**、**117**相同）

绳子的中央

★180cm长的结绳
▲60cm长的芯绳
●20cm长的芯绳（剪断）

⑤ 编5cm长的左上扭结

⑥ 将4根绳子均穿过椰子壳串珠后编单结，然后将绳端剪断

117

① 编4cm长的三股辫（参照图）
开始
② 用较长的2根绳子编1个平结，将较短的2根绳子剪断
③ 编10个平结
④ 将铜珠穿到2根芯绳上。在2颗铜珠之间各编2个平结
编2个平结

⑤ 编10个平结

⑥ 将4根绳子均穿过椰子壳串珠后编单结，然后将绳端剪断

142

114 圆形四宝结卡伦银手链　P64　118 扭结短项链　P64

[材料]

麻线（中粗）原色（361）160cm 1根、20cm 1根，
蓝色（347）160cm 1根
卡伦银（AC 795）2颗、（AC 796）1颗
椰子壳串珠（MA 2224）1颗

[尺寸]

长21cm

[材料]

麻线（中粗）巧克力色（333）400cm 1根、120cm 1根、20cm 1根
卡伦银（AC 776）20颗、（AC779）1颗
椰子壳串珠（MA 2224）1颗

[尺寸]

长21cm

113 扭结卡伦银手链　P64

[材料]

麻线（中粗）巧克力色（333）180cm 1根、60cm 1根、20cm 1根
卡伦银（AC 776）20颗
椰子壳串珠（MA 2224）1颗

[尺寸]

长21cm

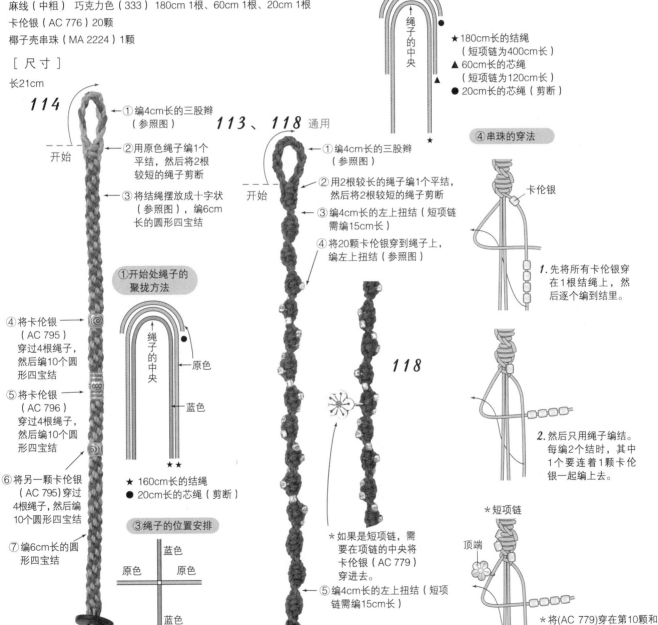

114

开始

①编4cm长的三股辫
（参照图）

②用原色绳子编1个
平结，然后将2根
较短的绳子剪断

③将结绳摆放成十字状
（参照图），编6cm
长的圆形四宝结

①开始处绳子的
聚拢方法

绳子的中央
原色
蓝色

★160cm长的结绳
●20cm长的芯绳（剪断）

③绳子的位置安排

蓝色
原色　原色
蓝色

④将卡伦银
（AC 795）
穿过4根绳子，
然后编10个圆
形四宝结

⑤将卡伦银
（AC 796）
穿过4根绳子，
然后编10个圆
形四宝结

⑥将另一颗卡伦
银（AC 795）穿过
4根绳子，然后编
10个圆形四宝结

⑦编6cm长的圆
形四宝结

⑧将4根绳子均穿过椰子
壳串珠后编单结，然后
将绳端剪断

113、118 通用

开始

①编4cm长的三股辫
（参照图）

②用2根较长的绳子编1个平结，
然后将2根较短的绳子剪断

③编4cm长的左上扭结（短项链
需编15cm长）

④将20颗卡伦银穿到绳子上，
编左上扭结（参照图）

118

*如果是短项链，需
要在项链的中央将
卡伦银（AC 779）
穿进去。

⑤编4cm长的左上扭结（短项
链需编15cm长）

⑥将4根绳子均穿过椰子壳
串珠后编单结，然后将
绳端剪断

①开始处绳子的聚拢方法
（**113**、**118**通用）

绳子的中央

★180cm长的结绳
（短项链为400cm长）
▲60cm长的芯绳
（短项链为120cm长）
●20cm长的芯绳（剪断）

④串珠的穿法

卡伦银

1. 先将所有卡伦银穿
在1根结绳上，然
后逐个编到结里。

2. 然后只用绳子编结。
每编2个结时，其中
1个要连着1颗卡伦
银一起编上去。

*短项链

顶端

*将（AC 779）穿在第10颗和
第11颗卡伦银（AC776）之
间。只有在这个部位卡伦
银是连续编入的。

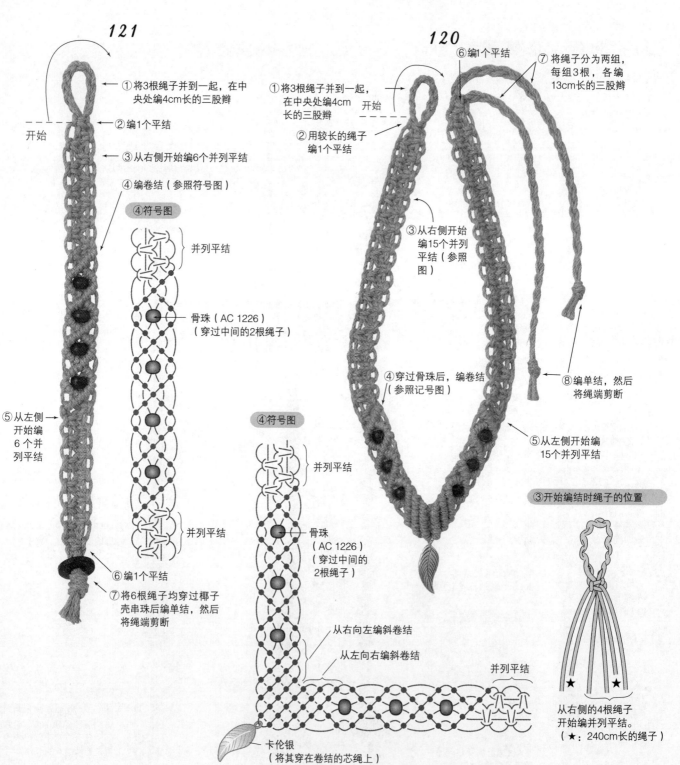

121 手链　P65

[材料]

麻线（中粗）原色（361）120cm 3根

骨珠（AC 1226）4颗

椰子壳串珠（MA 2224）1颗

[尺寸]

长21cm

120 短项链　P65

[材料]

麻线（中粗）原色（361）320cm 2根、240cm 1根

骨珠（AC 1226）6颗

卡伦银（AC784）1颗

[尺寸]

长38cm（含三股辫）

121

开始

①将3根绳子并到一起，在中央处编4cm长的三股辫

②编1个平结

③从右侧开始编6个并列平结

④编卷结（参照符号图）

④符号图

并列平结

骨珠（AC 1226）（穿过中间的2根绳子）

⑤从左侧开始编6个并列平结

并列平结

⑥编1个平结

⑦将6根绳子均穿过椰子壳串珠后编单结，然后将绳端剪断

120

⑥编1个平结

⑦将绳子分为两组，每组3根，各编13cm长的三股辫

①将3根绳子并到一起，在中央处编4cm长的三股辫

开始

②用较长的绳子编1个平结

③从右侧开始编15个并列平结（参照图）

④穿过骨珠后，编卷结（参照记号图）

⑧编单结，然后将绳端剪断

⑤从左侧开始编15个并列平结

④符号图

并列平结

骨珠（AC 1226）（穿过中间的2根绳子）

从右向左编斜卷结

从左向右编斜卷结

并列平结

卡伦银（将其穿在卷结的芯绳上）

③开始编结时绳子的位置

从右侧的4根绳子开始编并列平结。（★：240cm长的绳子）

146 长项链 P85

[材料]

麻线（中粗）原色（361）200cm 4根、120cm 4根，深褐色（324）、
蓝色（325）、橙色（328）各30cm 4根
天然木质串珠6mm（W582）16颗、木质串珠8mm（W592）10颗、木质串珠
12mm（W602）3颗、枣红色木珠53mm×40mm（W562）1颗、枣红色木珠
36mm×5mm（W633）6颗、枣红色木珠15mm×4mm（W653）4颗

[尺寸]

周长 最长86cm

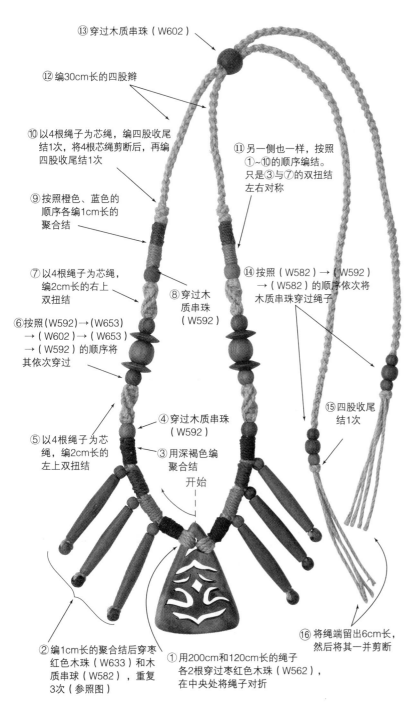

⑬ 穿过木质串珠（W602）

⑫ 编30cm长的四股辫

⑩ 以4根绳子为芯绳，编四股收尾
结1次，将4根芯绳剪断后，再编
四股收尾结1次

⑨ 按照橙色、蓝色的
顺序各编1cm长的
聚合结

⑦ 以4根绳子为芯绳，
编2cm长的右上
双扭结

⑥ 按照（W592）→（W653）
→（W602）→（W653）
→（W592）的顺序将
其依次穿过

⑤ 以4根绳子为芯
绳，编2cm长的
左上双扭结

⑧ 穿过木
质串珠
（W592）

④ 穿过木质串珠
（W592）

③ 用深褐色编
聚合结

开始

⑪ 另一侧也一样，按照
①~⑩的顺序编结。
只是③与⑦的双扭结
左右对称

⑭ 按照（W582）→（W592）
→（W582）的顺序依次将
木质串珠穿过绳子

⑮ 四股收尾
结1次

② 编1cm长的聚合结后穿枣
红色木珠（W633）和木
质串球（W582），重复
3次（参照图）

① 用200cm和120cm长的绳子
各2根穿过枣红色木珠（W562），
在中央处将绳子对折

⑯ 将绳端留出6cm长，
然后将其一并剪断

② 聚合和枣红色木珠的穿法

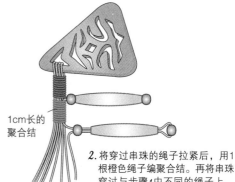

在中央对折

编1cm长的
聚合结

1. 用1根深褐色绳子编聚合结。
在1根芯绳上按照（W582）
→（W633）→（W582）的
顺序依次将串珠按照箭头所
示方向穿过绳子

1cm长的
聚合结

2. 将穿过串珠的绳子拉紧后，用1
根橙色绳子编聚合结。再将串珠
穿过与步骤1中不同的绳子上。
然后用蓝色绳子编聚合结，然后
再在与之前2根不同的绳子上穿
上串珠。

⑦、⑧ 编结后的处理

在背面
编本结

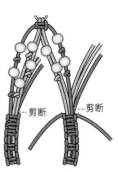

1. 编完平结后，用浅绿
色绳子编本结，然后
按照箭头所示方向循
序渐进地将芯绳拉
紧，调整其形状。

剪断 剪断

2. 将剩余的绳端全部
剪断，用黏合剂将
其固定。

145

126 挂件　**P77**

[材料]

麻线（中粗）浅绿色（336）180cm 1根、茜草色（343）50cm 2根、
深褐色（324）50cm 1根
蓝色玻璃串珠（AC 998）9颗
手机挂件（S 1013）1个

[尺寸]

长10cm（含手机挂件）

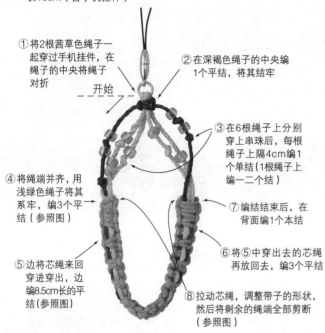

① 将2根茜草色绳子一起穿过手机挂件，在绳子的中央将绳子对折

开始

② 在深褐色绳子的中央编1个平结，将其结牢

③ 在6根绳子上分别穿上串珠后，每根绳子上隔4cm编1个单结（1根绳子上编一二个结）

④ 将绳端并齐，用浅绿色绳子将其系牢，编3个平结（参照图）

⑤ 边将芯绳来回穿进穿出，边编8.5cm长的平结（参照图）

⑦ 编结结束后，在背面编1个本结

⑥ 将⑤中穿出去的芯绳再放回去，编3个平结

⑧ 拉动芯绳，调整带子的形状，然后将剩余的绳端全部剪断（参照图）

④、⑤的并齐方法及平结的编法

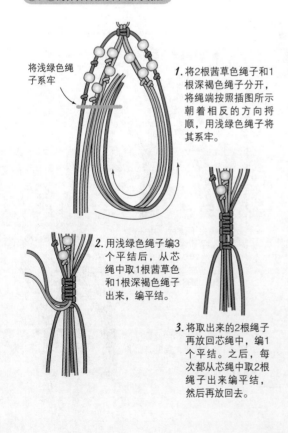

将浅绿色绳子系牢

1. 将2根茜草色绳子和1根深褐色绳子分开，将绳端按照插图所示朝着相反的方向捋顺，用浅绿色绳子将其系牢。

2. 用浅绿色绳子编3个平结后，从芯绳中取1根茜草色和1根深褐色绳子出来，编平结。

3. 将取出来的2根绳子再放回芯绳中，编1个平结。之后，每次都从芯绳中取2根绳子出来编平结，然后再放回去。

127 十字挂件　**P77**

[材料]

a 麻线（细）浅蓝色（346）100cm 2根，蓝绿色（330）80cm 2根、50cm 1根
　6mm圆形玉质串珠（AC 288）3颗
b 麻线（细）黄色（327）100cm 1根，橙色（328）80cm 2根、50cm 1根
　6mm绿松石（AC 285）3颗
a、b 通用　复古紫铜（AC 1209）、（AC 1210）各1颗
　手机部件（S 1013）1个

[尺寸]

长7cm（含手机挂件）

④ 将手机挂件穿过②、③的绳端，用50cm长的蓝绿色绳子编5mm长的聚合结

③ 编4cm长的左右结

② 编2cm长的左右结

⑤ 在4根绳子上同时穿过3颗圆形玉质串珠

⑥ 编1cm长的圆形四宝结

⑩ 4根绳子打1个单结，尽量将绳头剪短，使用黏合剂固定

⑨ 同⑧

⑦ 在80cm长的2根蓝绿色绳子的中央处编四宝结，然后编1.5cm长的圆形四宝结

⑧ 将⑥和⑦的绳子合到一起，编5mm长的圆形四宝结（参照图）

开始1

开始2

① 将浅蓝色绳子分别穿过复古紫铜（参照图）

① 开始1处的起始方法

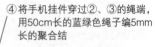

（AC1210）

单结

将绳子穿过（AC 1210），在绳子的中央处编结

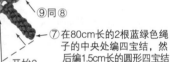

（AC1209）

在绳子的中央将绳子对折，按照箭头所示方向编绳

⑧ 圆形四宝结的放置

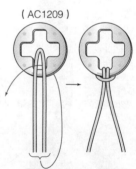

圆形玉质串珠

将用浅蓝色和蓝绿色绳子编结的配件汇合，在2个配件上各取2根绳子编圆形四宝结。

＊作品 b中，将浅蓝色绳子换为黄色绳子，将蓝绿色绳子换为橙色绳子。

131、132 卷结狗狗项圈和主人手链 **P79**

［材料］

131 麻线（中粗）黄色（327）、黄芩色（341）、彩虹色段染（375）各350cm 1根

132 麻线（中粗）品红色（335）、茜草色（343）、彩虹色段染（375）各250cm 1根

131、**132**通用　白镴（AC 1241）5颗、（AC 1274）1颗

［尺寸］

131 长26cm　**132** 长19cm

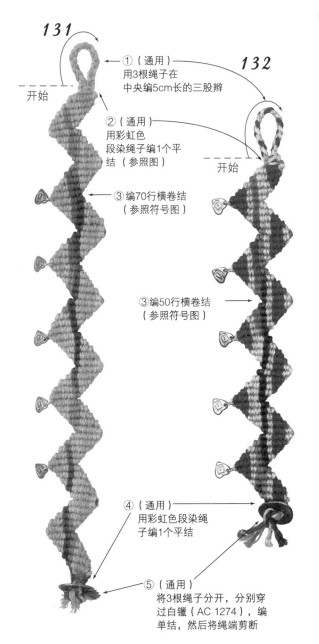

131

① （通用）
用3根绳子在
中央编5cm长的三股辫

132

开始

开始

② （通用）
用彩虹色
段染绳子编1个平
结（参照图）

③编70行横卷结
（参照符号图）

③编50行横卷结
（参照符号图）

④ （通用）
用彩虹色段染绳
子编1个平结

⑤ （通用）
将3根绳子分开，分别穿
过白镴（AC 1274），编
单结，然后将绳端剪断

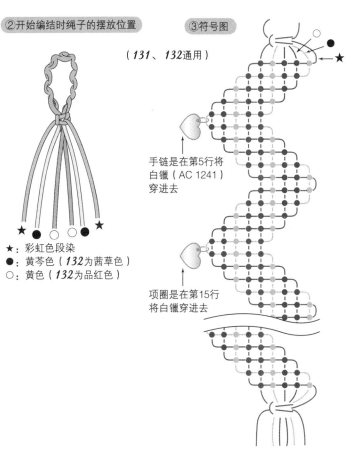

②开始编结时绳子的摆放位置

③符号图

（**131**、**132**通用）

★

★：彩虹色段染
●：黄芩色（**132**为茜草色）
○：黄色（**132**为品红色）

手链是在第5行将
白镴（AC 1241）
穿进去

项圈是在第15行
将白镴穿进去

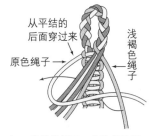

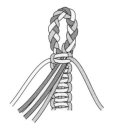

⑳三股辫的编法

从平结的
后面穿过来

原色绳子

浅褐色
绳子

1. 三股辫编好后，将较长的原
色绳子和浅褐色绳子作为结
绳将其抽出。将剩下的绳子
和平结的部分并到一起作为
芯绳，编1个平结。

2. 上图为编好1个平结后的示
意图。编到第2个以后，就只
以绳端为芯绳，编平结。

129 双圈项链 P78

[材料]

麻线（细）原色（361）300cm 1根、160cm1根、150cm 1根、80cm 1根，浅褐色（322）400cm 1根、170cm 1根、160cm 1根、130cm 1根，黑色（326）360cm 1根、160cm 1根、150cm 2根
白镴（AC 452）19颗、（AC 456）10颗、（AC 1257）3颗、(AC 1258) 2颗、（AC 481）1颗、（AC 1263）1颗

[尺寸]

周长 外侧长62cm、内侧长47cm

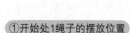
①开始处1绳子的摆放位置

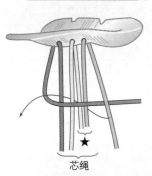

芯绳

从左侧起按照黑色、原色、浅褐色的顺序，将绳子穿过白镴。在黑色绳子的中央，其他颜色绳子从绳端起算50cm处，将绳子对折（★=50cm长的绳子），用外侧的2根绳子编平结。

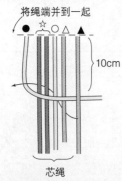
⑦开始处2绳子的放置

将绳端并到一起
●☆○△▲

10cm

芯绳

将所有绳端并到一起，按照图示安排每根绳子的位置，将其固定，留出10cm长，然后编平结。

●：150cm长的原色绳子
☆：150cm长的黑色绳子
○：80cm长的原色绳子
△：130cm长的浅褐色绳子
▲：160cm长的浅褐色绳子

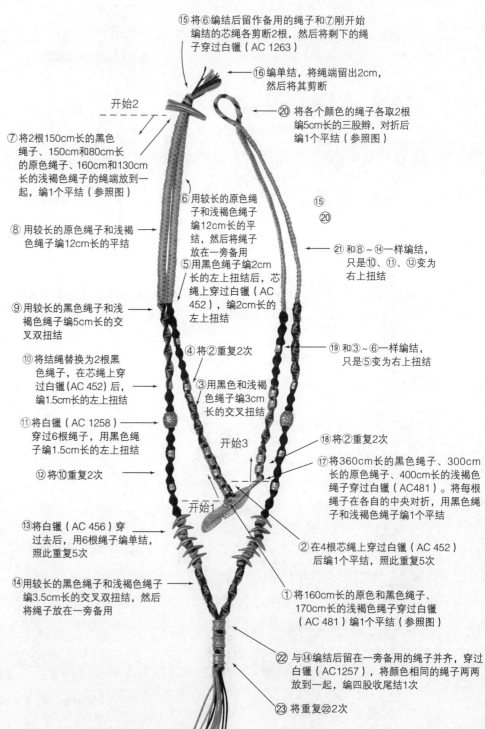

⑮将⑥编结后留作备用的绳子和⑦刚开始编结的芯绳各剪断2根，然后将剩下的绳子穿过白镴（AC 1263）

⑯编单结，将绳端留出2cm，然后将其剪断

⑳将各个颜色的绳子各取2根编5cm长的三股辫，对折后编1个平结（参照图）

⑮
⑳

㉑和⑧～⑭一样编结，只是⑩、⑪、⑫变为右上扭结

⑲和③～⑥一样编结，只是⑤变为右上扭结

⑱将②重复2次

⑰将360cm长的黑色绳子、300cm长的原色绳子、400cm长的浅褐色绳子穿过白镴（AC481）。将每根绳子在各自的中央对折，用黑色绳子和浅褐色绳子编1个平结

②在4根芯绳上穿过白镴（AC 452）后编1个平结，照此重复5次

①将160cm长的原色和黑色绳子、170cm长的浅褐色绳子穿过白镴（AC 481）编1个平结（参照图）

㉒与⑭编结后留在一旁备用的绳子并齐，穿过白镴（AC1257），将颜色相同的绳子两两放到一起，编四股收尾结1次

㉓将重复㉒2次

㉔将绳端留出6cm长，然后将其剪断

开始2

⑦将2根150cm长的黑色绳子、150cm和80cm长的原色绳子、160cm和130cm长的浅褐色绳子的绳端放到一起，编1个平结（参照图）

⑧用较长的原色绳子和浅褐色绳子编12cm长的平结

⑨用较长的黑色绳子和浅褐色绳子编5cm长的交叉双扭结

⑩将结绳替换为2根黑色绳子，在芯绳上穿过白镴（AC 452）后，编1.5cm长的左上扭结

⑪将白镴（AC 1258）穿过6根绳子，用黑色绳子编1.5cm长的左上扭结

⑫将⑩重复2次

⑬将白镴（AC 456）穿过去后，用6根绳子编单结，照此重复5次

⑭用较长的黑色绳子和浅褐色绳子编3.5cm长的交叉双扭结，然后将绳子放在一旁备用

⑥用较长的原色绳子和浅褐色绳子编12cm长的平结，然后将绳子放在一旁备用

⑤用黑色绳子编2cm长的左上扭结后，芯绳上穿过白镴（AC 452），编2cm长的左上扭结

④将②重复2次

③用黑色和浅褐色绳子编3cm长的交叉扭结

开始3

开始1

140 绿松石耳环　P81

[材料]

a 麻线（细）浅蓝色（346）50cm 6根、品红色（335）
　50cm 4根、小块绿松石（AC 405）10颗

b 麻线（细）槐树色（342）50cm 6根、黄芩色（341）
　50cm 4根、小块水晶（AC 401）10颗

a、b通用　AG圆环（G 1017）2个、耳环2个

[尺寸]

长6cm（含耳环配件）

---

① ②起始处绳子的摆放及平结的编法

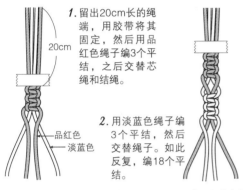

1. 留出20cm长的绳端，用胶带将其固定，然后用品红色绳子编3个平结，之后交替芯绳和结绳。

20cm

2. 用淡蓝色绳子编3个平结，然后交替绳子。如此反复，编18个平结。

— 品红色
— 淡蓝色

* 作品b中，将淡蓝色绳子换为槐树色绳子，将品红色绳子换为黄芩色绳子。

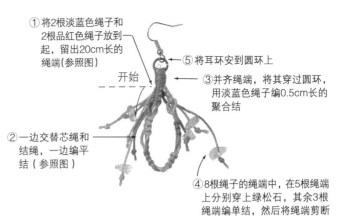

① 将2根淡蓝色绳子和2根品红色绳子放到一起，留出20cm长的绳端（参照图）

开始

⑤ 将耳环安到圆环上

③ 并齐绳端，将其穿过圆环，用淡蓝色绳子编0.5cm长的聚合结

② 一边交替芯绳和结绳，一边编平结（参照图）

④ 8根绳子的绳端中，在5根绳端上分别穿上绿松石，其余3根绳端编单结，然后将绳端剪断

---

③ 圆环的穿法及聚合结

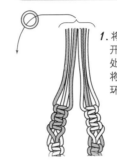 

1. 将平结的编结开始处和终止处并到一起，将绳端穿过圆环。

聚合结

2. 将穿过去的绳子折弯，在圆环上用浅蓝色绳子编聚合结。

---

143 羽毛耳环　P83

[材料]

麻线（细）蓝绿色（330）40cm 4根、25cm 2根，
黄芩色（341）60cm 2根

卡伦银（AC 776）10颗

羽毛 2支

[尺寸]

长12cm（含耳环）

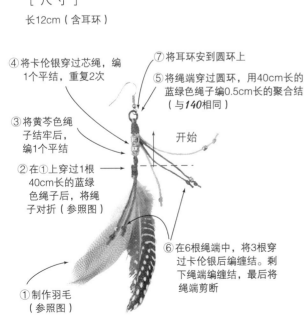

④ 将卡伦银穿过芯绳，编1个平结，重复2次

⑦ 将耳环安到圆环上

⑤ 将绳端穿过圆环，用40cm长的蓝绿色绳子编0.5cm长的聚合结（与*140*相同）

③ 将黄芩色绳子结牢后，编1个平结

开始

② 在①上穿过1根40cm长的蓝绿色绳子后，将绳子对折（参照图）

⑥ 在6根绳端中，将3根穿过卡伦银后编缠结。剩下绳端编缠结，最后将绳端剪断

① 制作羽毛（参照图）

---

① 羽毛的制作方法

  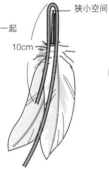

用黏合剂将其粘到一起

狭小空间

10cm

1. 将2根羽毛重叠，轻轻地用黏合剂将羽毛的根部粘到一起。

2. 用25cm长的蓝绿色绳子，从顶端算起在10cm长的位置上将其对折，按照图示将其搭在羽毛上。

狭小空间　死结

3. 以较短的一侧绳子为芯绳，用较长的1根在其上面编死结。

4. 在羽毛上蘸一点黏合剂，用较长的1根绳子缠大约7mm长的卷，然后在下面编死结。

---

② 编结开始处绳子的穿法

将蓝绿色绳子穿过羽毛配件上的狭小空间，在绳子的中央将绳子对折

148、149 两款钩针钩织的发圈　P87

[材料]

148麻线（细）浅蓝绿色（337）800cm
枣红色木质串珠6mm（W582）、8mm（W592）各16颗
市售发圈

149麻线（细）褐色段染（374）200cm
使用针 钩针5/0号

[尺寸] 直径：**148**10cm **149**12cm

148

编织方法
1. 将枣红色木质串珠按照16颗（W592）、16颗（W582）的顺序依次穿过绳子。
2. 用钩针将绳子钩织在发圈上，钩65针短针。
3. 在第2层和第3层时一边穿珠，一边钩。无论钩哪层都要带上首层的4针短针一起钩，由于第2层和第3层稍有差异，因此要注意钩的位置。

149

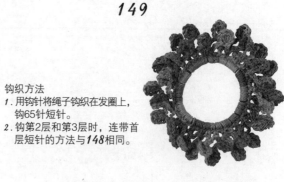

钩织方法
1. 用钩针将绳子钩织在发圈上，钩65针短针。
2. 钩第2层和第3层时，连带首层短针的方法与148相同。

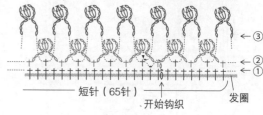

└─── 短针（65针）───┘　←③　←②　←①
开始钩织　　　发圈

枣红色木质串珠（W582）　枣红色木质串珠（W592）

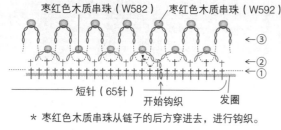

├──── 短针（65针）────┤　←③　←②　←①
开始钩织　　　发圈

＊ 枣红色木质串珠从链子的后方穿进去，进行钩织。

150. 钩针钩织的手机套　P87

[材料]

a 麻线（细）艾蒿色（345）370cm、藏蓝色（348）200cm
藏蓝色皮革绳（507）180cm 3根

b 麻线（细）蓝绿色（330）、红色（329）200cm
深红色皮革绳（505）180cm 3根

使用针 钩针5/0号

[尺寸] 主体 13cm×7cm 皮革绳长125cm

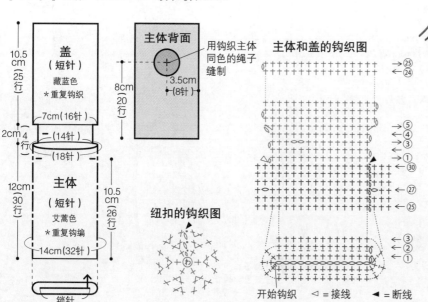

④编125cm长的三股辫

③用3根藏蓝色皮革绳从袋子内侧穿出去，留出10~15cm长的绳端，然后编单结。

⑤将绳穿出来，然后编单结

②用藏蓝色绳子钩织盖子（参照钩织图）

开始

①用艾蒿色绳子钩织手机套的主体（参照钩织图）

⑥留出10~15cm长的绳端，然后将绳子剪断。

盖（短针）藏蓝色 ＊重复钩织
10.5cm（25行）
7cm（16针）
（14针）
2cm 4行

主体背面
用钩织主体同色的绳子缝制
3.5cm（8针）
8cm（20行）

（18针）
主体（短针）艾蒿色 ＊重复钩编
12cm（30行）
10.5cm（26行）
14cm（32针）
锁针（13针）

主体和盖的钩织图
→㉕　←㉔
→⑤　←④　→③　←②　→①　←㉚
←㉗
←㉕
←③　←②　←①
开始钩织　◁＝接线　◀＝断线

纽扣的钩织图

钩织方法
1. 参照符号图，首先用艾蒿色绳子钩13针锁针，一层一层地钩织到环上。
2. 钩30行后，用藏蓝色绳子重复钩25行。
3. 主体后侧的纽扣，先将绳子在手指上绕圈，然后按照符号图所示开始钩织，缝制纽扣的绳子颜色与手机套主体颜色相同。

＊ 作品b，将艾蒿色换为蓝绿色，将藏蓝色换为红色，藏蓝色皮革绳换为深红色皮革绳。

日本宝库社授权河南科学技术出版社在中国大陆独家出版发行本书中文简体字版本。

版权所有，翻印必究

著作权合同登记号：图字16—2013—007

图书在版编目(CIP)数据

绳结饰物150款 / 日本宝库社编著; 梦工房译. —郑州：河南科学技术出版社，2014.10（2018.8重印）
ISBN 978-7-5349-6923-2

Ⅰ.①绳… Ⅱ.①日… ②梦… Ⅲ.①绳结-手工艺品-制作 Ⅳ.①TS935.5

中国版本图书馆CIP数据核字(2014)第104607号

出版发行：河南科学技术出版社
　　　　　　地址：郑州市经五路66号　　邮编：450002
　　　　　　电话：（0371）65737028　　65788613
　　　　　　网址：www.hnstp.cn
策划编辑：刘　欣
责任编辑：刘　瑞
责任校对：张小玲
封面设计：张　伟
责任印制：张艳芳
印　　刷：河南瑞之光印刷股份有限公司
经　　销：全国新华书店
幅面尺寸：213 mm×285 mm　　印张：9.5　　字数：190千字
版　　次：2014年10月第1版　　2018年8月第3次印刷
定　　价：46.00元

如发现印、装质量问题，影响阅读，请与出版社联系并调换。